高校建筑环境与能源应用工程学科专业指导委员会规划推荐教材

建筑环境与能源应用工程专业概论

本专业指导委员会　组织编写

天津大学　清华大学　同济大学　东华大学
湖南大学　西安建筑科技大学　北京建筑大学　编

中国建筑工业出版社

图书在版编目(CIP)数据

建筑环境与能源应用工程专业概论/本专业指导委员会组织编写．—北京：中国建筑工业出版社，2014.8（2024.5重印）
高校建筑环境与能源应用工程学科专业指导委员会规划推荐教材
ISBN 978-7-112-16845-3

Ⅰ.①建… Ⅱ.①本… Ⅲ.①建筑工程-环境管理-高等学校-教材 Ⅳ.①TU-023

中国版本图书馆CIP数据核字(2014)第098881号

能源与环境是人类社会发展过程中不可回避的两个问题。建筑环境与能源应用工程专业，是营造良好适宜的建筑环境的专业。本教材是建筑环境与能源应用工程专业从业人员的入门教材。

本书的主要内容包括：建筑环境与能源工程专业的发展史，专业的地位以及在国民经济中的应用；建筑环境的基本科学概念；建筑能源的需求与供应；知识体系与课程体系；专业能力结构与实践教学体系；本专业执业注册情况；以及本专业发展趋势，包括本专业学科发展趋势、本专业行业发展趋势。

本书适用于高等学校建筑环境与能源应用工程专业本科生，除作为入门课程的教材，也适用于其他相关专业人员从事本专业工作的工程技术和管理人员。

为了更好地支持相应课程的教学，我们向采用本书作为教材的教师提供课件，有需要者可与出版社联系。

建工书院：http：//edu.cabplink.com/index

邮箱：jckj@cabp.com.cn　电话：010-58337285

*　　*　　*

责任编辑：齐庆梅
责任设计：张　虹
责任校对：李美娜　刘梦然

高校建筑环境与能源应用工程学科专业指导委员会规划推荐教材
建筑环境与能源应用工程专业概论
本专业指导委员会　组织编写
天津大学　清华大学　同济大学　东华大学
湖南大学　西安建筑科技大学　北京建筑大学　编

*

中国建筑工业出版社出版、发行（北京西郊百万庄）
各地新华书店、建筑书店经销
北京红光制版公司制版
廊坊市海涛印刷有限公司印刷

*

开本：787×1092毫米　1/16　印张：7¾　字数：195千字
2014年7月第一版　2024年5月第十三次印刷
定价：**20.00**元（赠教师课件）
ISBN 978-7-112-16845-3
(25633)

前　言

建筑，从原来人类为自己寻找安全可靠的庇护之所到现代化建筑，发生了质的改变。人类不仅需要冬暖夏凉、方便用水用电等的建筑，还要求在建筑物内从事先进生产、高效办公的建筑。在营造健康舒适的建筑内部环境以及满足要求的生产环境同时，要求最少的能源消耗和产生最小的环境污染。任何以过多的能源、资源消耗以及产生严重污染为代价的建筑内部环境营造，都不符合可持续发展的目标。

2012年9月，教育部发布了新的《普通高等学校本科专业目录》，将原来的“建筑环境与设备工程专业”更名为“建筑环境与能源应用工程专业”（专业代码：081002)。新的“建筑环境与能源应用工程专业”涵盖了原“建筑环境与设备工程专业”（原专业代码：080704)、原“建筑设施智能技术（部分）”（原专业代码：080710S）和原“建筑节能技术与工程”（原专业代码：080716S)。

专业名称的变更，体现了专业的内涵发生的重要改变。该专业所从事的领域和毕业生的就业范围得到拓展，在该专业就读的学生所需要的知识体系也发生重要变化。为使高等学校建筑环境与能源应用工程专业的学生尽快了解本专业的内涵、学习的任务目标、知识系统及要求，提高学生学习积极性，在新生入学后的短时间内，开设“建筑环境与能源应用工程专业概论”这一启蒙式课程。

为配合各高校开设“建筑环境与能源应用工程专业概论”课程，全国高校建筑环境与能源应用工程学科专业指导委员决定撰写《建筑环境与能源应用工程专业概论》教材，由中国建筑工业出版社出版。指导委员会经过多次研讨，确定了本教材的主要内容和章节，成立了《建筑环境与能源应用工程专业概论》教材编写组。

参加本书撰写的有：第一章初识专业，由西安建筑科技大学李安桂教授负责撰写；第二章本专业在社会经济发展中的应用，由天津大学朱能教授负责撰写，参加撰写的还有郑国忠博士和介鹏飞博士；第三章建筑环境的基本科学概念，由清华大学朱颖心教授负责撰写；第四章建筑能源需求与供应，由同济大学龙惟定教授和湖南大学杨昌智教授负责撰写；第五章本专业的知识体系和课程体系，由东华大学沈恒根教授负责撰写；第六章专业能力结构与实践教学体系，由湖南大学杨昌智教授和东华大学沈恒根教授负责撰写；第七章建筑环境与能源应用工程专业执业范围与执业制度，由北京建筑大学李德英教授和东华大学沈恒根教授负责撰写；第八章专业发展趋势，由同济大学龙惟定教授负责撰写。全书由天津大学朱能教授统稿、整理。

本书由重庆大学付祥钊教授主审。在审阅过程中，付祥钊教授倾注了大量的心血并提出了宝贵意见，在此衷心感谢付祥钊教授的辛勤劳动。在本书的撰写过程中，全国高校建筑环境与能源应用工程学科专业指导委员会的全体委员共同提出了本书的内容要求、章节的设置等，在此一并致以衷心的感谢。

为方便教师制作电子课件及学生更好地理解书中内容，我们将书中的图稿（含彩图）进行了汇总，读者可发邮件至 jiangongshe@163.com 免费索取。

由于时间仓促和编者水平有限，难免存在错误和不妥之处，敬请广大教师、学生和其他读者不吝赐教，提出意见和建议，以期再版时有较大的提高和改进。

目　录

第1章　初　识　专　业

1.1　人—气候—建筑—环境

1.1.1　人类发展与建筑气候的适应性

人类发展史是人类认识自然、改造自然的历史。事实上，人与建筑之间有着非常密切的关系。孟子云："居可移气，养可移体，大哉居室。"《黄帝内经》指出："故宅者，人之本。人以宅为家，居若安，即家代昌吉"；"人因宅而立，宅因人得存，人宅相扶，威通天地"。人类迄今约有300万年历史，有文字记载的历史约有6000年[1]。纵观人类文明的发展，人类的发展史在某种意义上也是建筑发展的历史。人类的一切建筑活动都是适应当地气候、地理环境，为了满足生产和生活的需要而进行。气候因素影响建筑形态。原始建筑的外观形式与不同的气候区的气候特征有显著的相关性，研究发现原始建筑对于自然气候条件的响应方式，如保温、通风、遮阳的方式，对于建筑的形态有明显影响，并以此塑造了建筑地域性的外观。

人类原始起源时期，在气候湿热多雨和山高林密、水域众多的南方地区，为了避免地面潮湿、瘴气的侵害，先民主要栖息在树上，这是人类祖先南方古猿生活方式的延续。随着人类向温带迁徙，人类住所过渡到冬暖夏凉的天然岩洞。随着历史的发展，树居和岩洞居发展为巢居和穴居，成为人类建筑的雏形。如图1-1所示，巢居体现了"构木为巢"的人类创造过程，反映了人类改造自然的努力。穴居方式（图1-2），可获得较稳定的室内热环境，顶部的天窗既可以采光又可以排烟，适应气候变化的能力更强。

图1-1　巢居

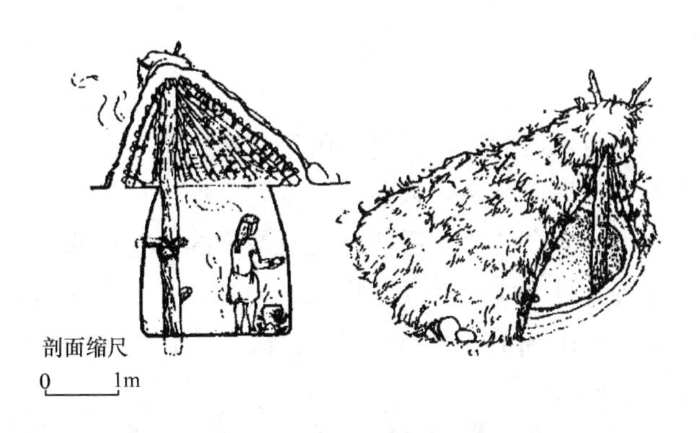

图1-2　河南偃师汤泉沟穴居遗址

新石器时期，原始文明的星火遍布中华大地。巢居和穴居在漫长的历史过程中逐渐发展，演变为不同的住宅类型（图1-3）。仰韶、龙山、河姆渡等文化创造的木骨泥墙、木结构榫卯、地面式建筑、干阑式建筑等适应不同气候条件的建筑样式逐渐呈现。其中“木骨泥墙”的出现具有很重要的作用，该种建筑方式是利用木材（木或者竹）作为支撑结构，土作为围护结构，水、泥、土、木合成建筑空间（图1-4）[2]。借助墙体，室内环境与室外环境区别开来，它是建筑由地下到地上的关键。直立的墙体，倾斜的屋盖，奠定了后世建筑的基本形象[3]。此种建筑形式持续时间非常长，直到20世纪长江三峡地区的农村还存在着这种方式建造的房子（图1-5）[4]。

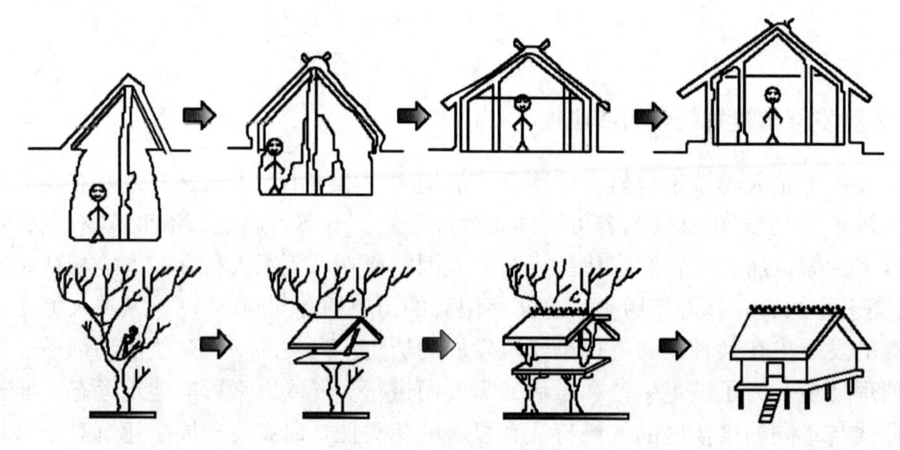

图1-3 从穴居、巢居发展到真正意义上的建筑

图1-4 木骨泥墙

图1-5 石峡长屋

一些考古研究发现，集中居住的地方水、树木比较多，有较好的生态环境。从遗址地基来看，民居讲究房屋朝向，且土质干燥、清凉。许多民居是半穴式，这样墙面较稳固，冬暖夏凉。四合院式的居住方式，是中国自古以来的传统，在我国寒冷的华北地区，有着冬季干冷、夏季湿热的气候特点，所以为了冬季防寒保暖，夏季遮阳防热、防雨以及春季防风沙，就出现了大屋顶的“四合院”式住宅。西周时期，陕西岐山凤雏村遗址是发现的最早的“四合院”住宅（图1-6）。

北宋画家张择端的《清明上河图》描绘了宋汴京城内外的真实情景。城中住宅多为四合院式，结构细密，屋檐起挑竹篷，显得空灵飞动，院内栽花植树，一派悠然、和谐的气氛。城外农宅较简陋，组以草、瓦盖顶的房屋。较好地体现了建筑与气候及环境的适应性（图1-7）。

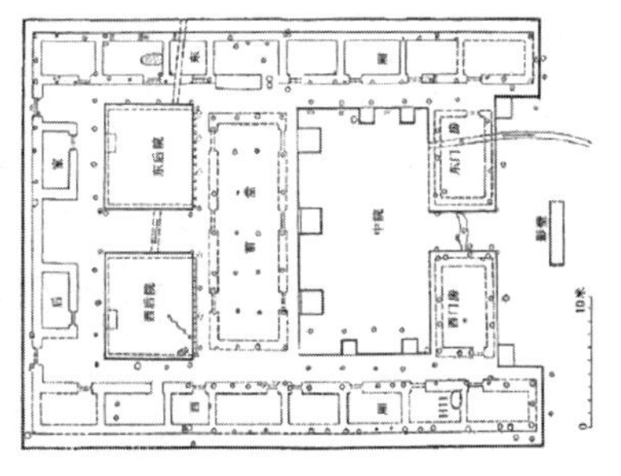

图 1-6 陕西岐山凤雏村遗址复原图

图 1-7 清明上河图（城中住宅）

建筑是人类与大自然（特别是恶劣的气候条件）不断抗争的产物。在功能上，建筑是人类作为生物体适应气候而生存的生理需要；在形式上，是人类启蒙文化的反映。因此，世界上比较古老的文明，如古埃及、古巴比伦、古印度和古代中国，都位于南北纬 20°～40°之间，即所谓中低纬度文明带（图 1-8）[5]。

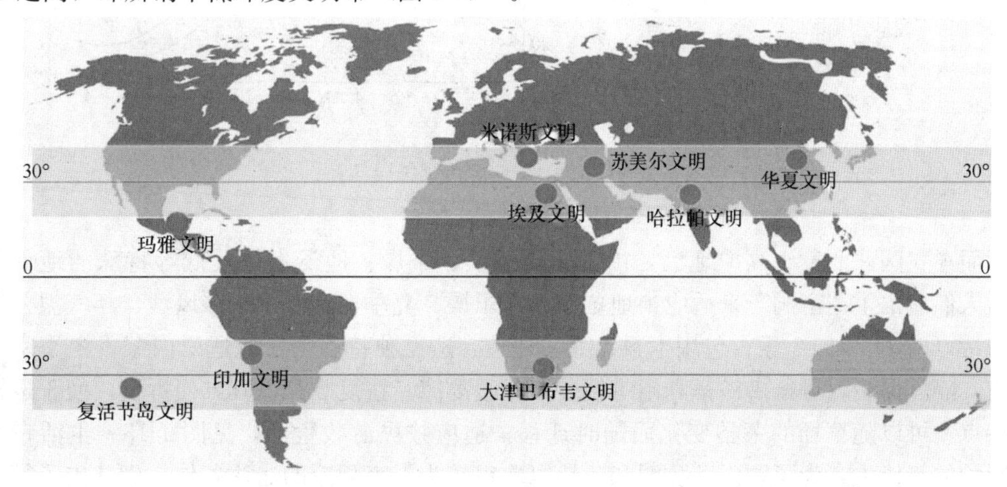

图 1-8 世界上古文明的发源地位于南北纬 20°～40°之间

人们在长期的居住活动中，结合各自生活所在地的资源、自然地理和气候条件，就地取材、因地制宜，积累了丰富的设计经验。北极寒冷异常，爱斯基摩人的冰屋用干雪砌成，厚度 500mm 的墙体可以提供较好的保温性能（图 1-9），当室外平均温度为－30℃时可维持室内温度－5℃以上。中东埃及、伊拉克等地区气候干旱、温差大，民居的墙厚 340～450mm，屋面厚度 460mm，利用土坯热惯性，室外日夜温差 24℃，室内波动不到 6℃（图 1-10、图 1-11）。

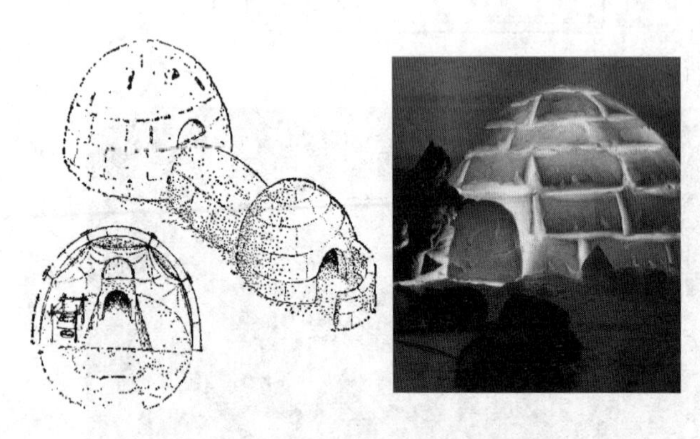

图 1-9 爱斯基摩人的冰屋

图 1-10 中东地区民居

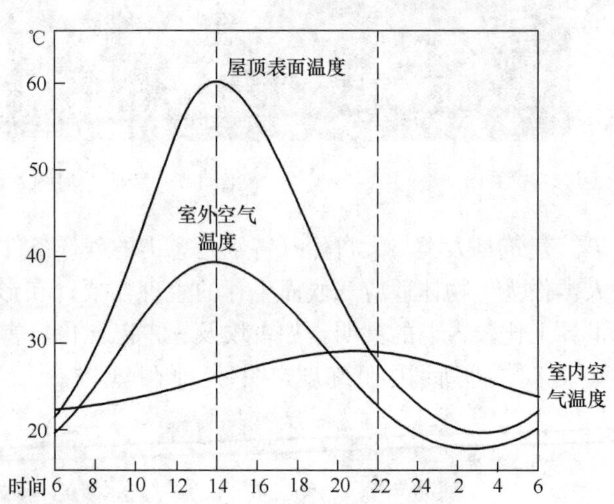

图 1-11 中东地区传统民居

而在我国西北黄土高原地区，由于土质坚实、干燥、地下水位较低等特殊的地理条件，人们造出了“窑洞”来适应当地冬季寒冷干燥、夏季炎热、春季多风沙、年气温差较大的特点（图 1-12）。蒙古包用木料、毛毡建造，造型独特。蒙古包适应内蒙古冬季寒冷气候，隔风保暖，可抵御沙暴和雨雪侵袭，冬暖夏凉。在夏季又以其方便拆装，便于运输的特点，可以随草场的荣枯变化而随时迁移，适应牧民游牧生活，见图 1-13。生活在西双版纳的傣族人，为了防雨、防湿和防热以取得较为干爽阴凉的居住条件，创造出了颇具特色的家住木楼“干阑”建筑（图 1-14）。

(a)　　　　(b)

图 1-12　西北窑洞式民居

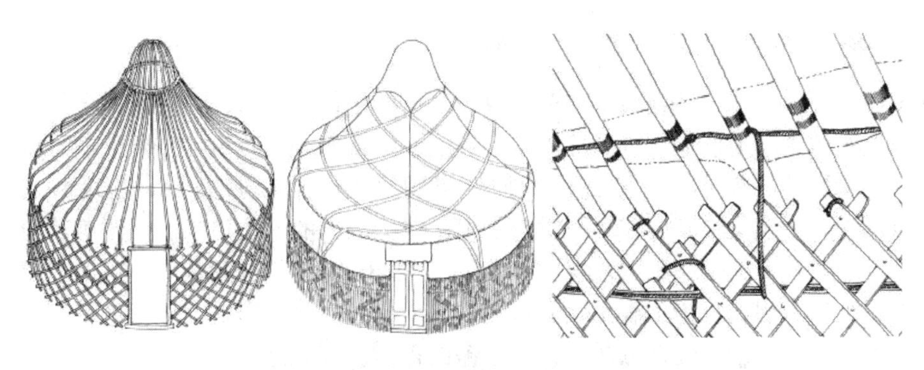

图 1-13　蒙古包

创造适宜环境的建筑与人类文明的发展进步密切相关。可以看出，异彩纷呈的建筑形式与当地气候是分不开的。建筑的功能是在自然环境不能保证令人满意的条件下，创造一个微环境来满足居住者的安全与健康以及生活生产过程中的需要，因此从建筑出现开始，“建筑”和“环境”这两个概念就是不可分割的。从躲避自然环境对人身的侵袭开始，随着人类文明的进步，人们对建筑的需求不断提高，至今人们希望建筑物能满足的要求

图1-14 云南干阑式民居

包括：

安全性：能够抵御飓风、暴雨、地震等各种自然灾害引起的危害和人为的侵害；

功能性：满足居住、办公、营业、生产等不同类型建筑的使用功能；

舒适性：保证居住者在建筑内的健康和舒适；

经济性：用较小的能源、资源和环境代价，取得健康、舒适高效的建筑环境；

美观性：要有亲和感，反映当时人们的文化追求。

所以说建筑形式应适应当地气候，且应能满足安全、健康、舒适、工作与生活的需要。

1.1.2 建筑与环境关系的发展中存在的问题

除了使用前人这些设计经验来创造和改善自己的居住环境以外，随着科学技术的不断进步，人们开始主动地创造可以受控的室内环境。概括而言，建筑的主要目的是取得一种人为的、有遮掩的内部环境。鉴于不同地域、气候、历史及民族特点，建筑形式纷繁多样。千百年来，对建筑及其内在环境质量的追求成为人类的永恒追求。从改善建筑环境的角度而言，建筑本身就是一种“环境调节器”，但由于四季气候轮替、“环境调节器”的作用往往有局限性。因此，为了满足人们自身的安全、舒适等要求，几千年来特别是近百年来，对改变建筑环境的方式、方法进行了不懈的探索。

人工环境是由人为设置边界面围合成的空间环境，包括房屋围护结构围合成的民用建筑环境、生产环境和交通运输外壳围合成的交通运输环境（车厢环境、船舱环境、飞行器环境）等。尽管人工环境涉及很多工程领域，但其目标都是在一个相对封闭的空间内（以下简称室内）营造不同于外界的物理环境，通常涉及如下科学与工程问题：

1）为了满足人类的上述活动，到底需要什么样的室内物理环境？如何定义和评价这样的物理环境？

2）室内环境是怎样受构成这一封闭空间的围护体系以及外部环境的影响或由其所决定？

3）怎样通过机械的或被动的物理环境调控系统作用于封闭空间的围护体系，营造出各种需求的室内物理环境？

4）怎样仅依靠各种自然条件和可再生能源，尽可能消耗最少的化石能源来营造各种所需求的室内环境？

工业革命带来技术发展的突飞猛进给人们造成了错觉，以为随着技术的进步，人类有能力无限制地改变自然环境，而不再受到自然条件的制约。反映在建筑设计上，人们不再像先祖那样尽心尽力地去研究当地的自然地理条件和气象条件，去建造符合当地自然条件的建筑物，而是把精力都放到文化和美观的层面了。现代人工环境技术的发展在很大程度上造成了世界建筑趋同化的消极影响，空调采暖的普及使人们不必再关心建筑本身的性能，因为只要消耗大量的能源就可以随心所欲地获得所要求的室内环境，从而导致的不仅是能源的紧缺和资源的枯竭，而且还导致了由于大量污染物排放而造成的地球环境的污染和生态环境的破坏。

随着居民日益重视和追求健康与舒适的室内环境，民用建筑对室内环境的需求也在不断提高和细化。另一方面，人工环境工程目前消耗的能源已占到全球总能源消耗量的30%，建筑环境与能源应用工程目前被认为是最有节能潜力的耗能领域，节能减排已成为人工环境科学与工程的重要使命。

工业生产过程及室内环境营造一般均需要消耗大量的能源。如何解决住宅建筑的人居环境问题、能源问题，应倍加重视。例如，以应用变流量技术提高空调系统的运行效率为例，与机电设备的调速技术相结合的变流量技术可以大大提高空调系统与设备的能源利用率。对于各类建筑的空调系统来说，全年运行能耗的50%甚至更高是用于输送载热（冷）体的风机、水泵，因此，为减少输送能耗，机组分散布置、系统小型化就是措施之一；变水量（VWV）、变风量（VAV）、变制冷剂流量（VRV）系统的研究与应用，大大促进了制冷空调技术的发展。

目前，世界上发达国家的建筑能耗已经达到社会总能耗的1/3，而我国作为世界第一人口大国，随着经济的飞速发展，城乡建筑业的发展速度已居世界首位。而我国的能源资源特点决定了我国今后的能源结构中，煤仍然要占能源的60%以上，因此在二氧化碳、NO_X、SO_X、粉尘排放的控制方面我们面临着艰巨的任务。

在强调可持续发展的今天，建筑环境控制同样面临不少亟待解决的问题。比如，如何调节满足建筑环境舒适性要求与节能环保之间的矛盾。目前建筑物的年耗能量中，为满足室内温湿度要求的空调系统能耗所占的比例约为50%，照明所占比例约为33%。而在我国，所消耗的电能或热能大多来自热电厂或独立的工业锅炉，其燃烧过程的排放物是造成大气温室效应和环境污染的根源。所以研究和制定合理的室内环境标准，优化建筑物本身的环境性能，尽量减少建筑能耗，同时也能合理、有效地利用能源，是我国面临的一个艰巨而紧迫的任务。再比如，在室内的空气品质方面，由于大量使用合成材料进行建筑内部的装修，使得人们产生气闷、黏膜刺激、头疼及嗜睡等症状。研究和掌握形成病态建筑的起因，分析各种因素之间的相互影响，为创造健康的建筑环境提供依据也是我们面临的重要任务。

随着经济的发展，人类的进步，保护环境已成为“地球村”村民的统一行动。如臭氧层的破坏，是当今全球所面临的环境问题之一；为了保护臭氧层，1987年在加拿大召开并签署的《蒙特利尔协议》及其后所完善的相关协议，成为各国人民保护臭氧层的统一行动纲领与行为准则。新的制冷工质相继出现，如何控制生产、生活过程中产生的有害气体和噪声，营造人们生活、工作、生产过程的舒适、良好环境，是建筑环境与能源应用工程专业面临的重大、迫切问题。

建筑环境与能源应用工程专业涉及工程设计、系统运行与维护、相关产品制造、系统安装与调试等多个环节。随着人类进入21世纪，借助机械及自然的手段来实现对建筑进行主动调节（即供暖、通风、空调、制冷技术等）几乎成了一种必然选择。了解采暖、通风、空调等的漫长曲折的发展历程，以史为鉴，有助于深入了解、学习、掌握建筑环境控制理论与技术，建立和实现“趋向自然的舒适环境”。

1.2 建筑环境营造（供暖与通风简要发展历程）

现代人类大约有80%的时间在室内环境中度过。建筑环境对人类的寿命、工作效率、产品质量起着极为重要的作用。一些生产过程，对环境提出了更为苛刻的条件，如生物实验室和手术室要求较高的洁净度，太空舱内要求恒温恒压。这些人类自身对环境的要求和生产、科学实验对环境的要求导致了建筑环境控制技术的产生与发展。如何营造上述各种民用建筑环境、生产环境和交通运输环境呢？从实现人工环境（建筑环境）的方法、手段而言，主要有供暖、通风、空调等方法。建筑环境的控制是随着人类发展，从简单到复杂的过程。人类环境控制的第一步是实现对温度的调节。

1.2.1 温度调节与供暖（采暖）

供暖是指使室内获得热量并保持一定温度，以达到适宜的生活条件或工作条件。这是人类最早发展起来的建筑环境控制技术。人类自从懂得利用火以来，为抵御寒冷对生存的威胁，发明了火炕、火炉、火墙、火地等采（取）暖方式，这是最早的采（取）暖系统与设备，有的至今还在应用。发展到今天，采（取）暖设备与系统，在对人的舒适感和卫生、设备的美观和灵巧、系统和设备的自动控制、系统形式的多样化、能量的有效利用等方面都有着长足的进步。

在我国黄河流域一处典型的新石器时代仰韶文化母系氏族——西安半坡遗址（图1-15～图1-17）中展示了6000年前人类智慧的结晶——火炕取暖，这是人类改善自身居住环境的典型体现。考古发现有长方形灶炕，屋顶有小孔用以排烟，还有双连灶形的火炕（图1-17），这就是说在新石器时代仰韶时期就有了火炕取暖。夏、商、周时代就有了火炉采暖。从发掘的古墓中发现，汉代就有了用烟气做介质的采暖设备。

图1-15 位于陕西省西安市的半坡博物馆

图1-16 半坡博物馆居住遗址内景

公元前27年～395年，罗马帝国的一些建筑中开始使用炉子加热空气来传导热量，并从安装在墙壁上的管道中流出，这种系统被称为热炕，这实际上是集中采暖系统的雏形。12世纪，叙利亚开始使用一种特殊的集中采暖系统，热量经由熔炉间的地下管道传出，而不是由火炕传出。集中采暖系统在中世纪伊斯兰国家的浴室中得到了广泛应用。大

图 1-17 半坡时期的火炕遗址

约在1700年，俄罗斯的一些建筑中开始设计基于水力学原理的集中采暖系统，位于圣彼得堡的彼得大帝的夏宫（又称为彼得宫，The Summer Palace）（1710～1714）为我们提供了现存完好的例子。19 世纪 30 年代，Angier March Perkins 最早开发并安装了一些蒸汽采暖系统。第一个蒸汽采暖系统安装在英格兰银行的管理者 John Horley Palmer 家中，因此他因在英格兰寒冷的气候下种植葡萄而轰动了当地。

19 世纪初期，在欧洲开始出现了以蒸汽或热水作为热媒的集中式采暖系统。集中式采暖方式开始于 1877 年，在美国纽约建成了第一个区域锅炉房，向附近 14 家用户供暖。[7]

20 世纪初期，世界上一些发达国家利用汽轮机的排气采暖，其后发展成为热电厂。

北京故宫中还完整地保留着火地采暖系统，也可以说以烟气为介质的辐射采暖。目前北方农村中还普遍应用着古老的采暖设备与系统——火炉、火墙和火炕。1951 年我国第一座城市热电站——北京东郊热电站投入运行，中国采用热电联产的城市集中供暖方式，是在 1958 年由北京市建设第一热电厂开始的，继北京市之后，1968 年东北地区的沈阳市也率先开始发展集中供暖。目前，集中供暖技术已在全国各大、中城市得到了推广。

1.2.2 室内环境控制与通风

通风是用自然或机械的方法向某一房间或空间送入室外空气，以及由某一房间或空间排出空气的过程，送入的空气可以是经过处理的，也可以是不经过处理的。换句话说，通风是利用室外空气（称新鲜空气或新风）来置换建筑物内的空气以改善室内空气品质，保障人体健康。

在中国，自然通风在古代已经被利用，如在古建筑的布局上利用穿堂风，利用气楼进行自然通风等（图 1-18）。

标准的北京四合院是南北略长的坐北朝南的矩形院落，正好排列在东西向的胡同之间，大门开向住宅南面的胡同，正房门与宅门的方向一致。为什么一定要将宅门开在南边呢？从自然通风的角度讲，华北地区风大，冬天寒风从西北来，夏天风从东南来，门开在南边，冬天可避开凛冽的寒风，夏天则可迎风纳凉，符合居住卫生条件。而南方地区气候炎热，防暑降温是头等大事，因此我国长江中下游地区，天井式四合院成为当地民居的主要形式。天井式四合院的基本特征是用数目不等的小天井组织住宅空间，这种住宅的特点是基本上以楼房为主，房屋净高大，屋内比较宽敞通透，四面的房屋或高墙皆连成一体，院落进深较浅，

图 1-18 古建筑的自然通风示意图

形成一个狭窄而高深的空间，举头仰视，有如坐井观天，因此称之为天井。天井是一宅中的采光通风口，较小的天井有利于防止夏天阳光直射，天井高深，则风产生的吸力增强，有如烟囱，将热空气向上拔，通风量大，形成住宅内部的小循环。因此，即使在炎炎夏日，居住在这样的房子里也会有阴凉的感觉。这与现代高层建筑的热压通风原理是一致的（图 1-19）。

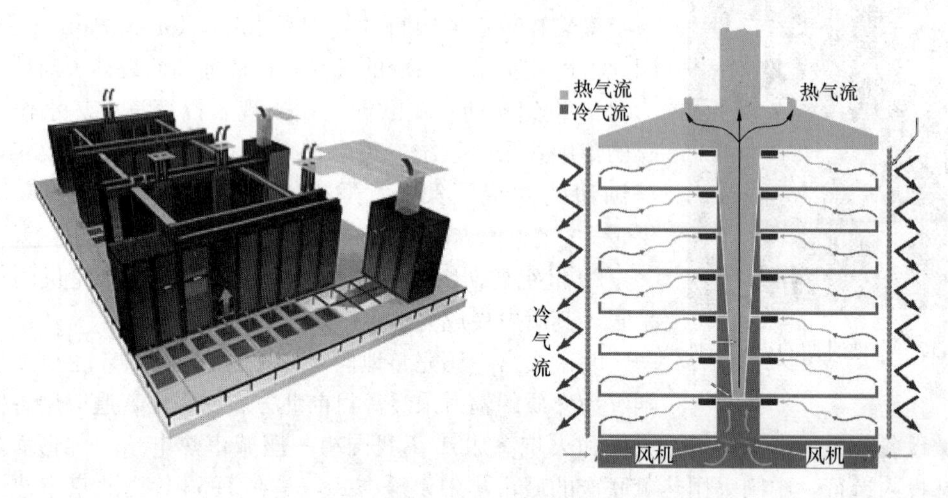

图 1-19　高层建筑热压通风

人们对通风从概念和应用的深入理解经历了漫长的历程。如前所述，历史上采暖的产生与发展改善了生活环境。人们在房间使用火的时候，他们发现需要在屋顶开个口来排烟，同时补充新鲜空气以便维持火焰的燃烧。火焰的控制成为人们发明通风设备的首要动力。因为火可以使得房间维持一个让人感到更加舒适的温度，热舒适性也就和通风紧密联系在一起了。

但是，鉴于当时火炉大都是敞开式的，建筑物内的空气品质很差。烟囱直到 12 世纪才普遍采用，但早期的烟囱并不能有效地减少室内燃烧产生的烟气。依据当时对燃烧现象的认识理论，敞开式的火炉之所以烟多，其原因在于火炉中的空气太多，尽管对烟道进行了很多改进，但结果证明都是徒劳。当时过多地依赖低燃烧值的燃料，如动物粪便、锯木屑、泥煤等，也是加剧烟气生成的原因。木炭成为人们的最喜欢的燃料，因为它在燃烧时较少产生烟气，特别适用于封闭房间取暖时在火盆中燃烧，但由此也造成很多人在睡梦中死于后来才为人们所知道的 CO 气体中毒。直到 18 世纪末，火炉的设计才开始出现较大的改进，Benjamin 设计了高效取暖的封闭式火炉；在其后，Count Rumford 给敞开式的火炉加上了烟气隔板和烟道，由于这两项发明，可以使用壁炉采暖而不受室内烟气污染。与此殊途同归的是，当罗马人发明了辐射供暖后，他们就不在室内生火取暖了。他们用建筑物地板下面的空心砖来输送来自建筑物外围的“火炉”中的燃烧产物，然后将这些产物通过烟囱排出。随着实践性认识的深化，人们对于室内空气中的有机污染物的关心便超过了对燃烧烟气的关注。[8]

在中世纪，人们便开始认识到在拥挤的房间内，空气能够以某种方式在人们当中传播疾病。房屋是用壁炉中的明火来加热的，这样烟气通常会涌入房间并污染房间内的空气。1600 年，英国查理一世颁布法令：建筑物的室内净高不能低于 10ft（约 3m），并且窗户的高度要大于窗户的宽度。这样做有利于烟气的排除。

古埃及人也发现，与那些在室外工作的人相比，石头雕刻工人患呼吸哮喘的概率更大。他们认为这主要是由于室内的粉尘量过大。因此，粉尘的控制成为通风的第二个原因。

尽管通风器（Ventilator）或风扇早在16世纪就已经被用于矿井通风，18世纪热力学的进展引导着人们新的思考和实验，探究如何利用风机动力进行建筑物内对流通风。英国众议院的大楼曾被用做最初的通风实验场所，大量的各种实验先后持续了两个多世纪，包括对通风竖井、塔楼、风道、会议室、走廊灯做了不断的改造尝试，如何有效排除众议院大楼内的污染空气。[9]

无独有偶，在美国，一些国会议员致力于国会大厦的通风改造设计。1871年，在风管内设立了专用的热源来形成“抽吸式通风”（Aspirating Ventilation）。19世纪70～80年代设计的建筑系统中采用了抽吸式通风设计，通风管路中装备了建筑采暖用的蒸汽盘管，利用送风气流给建筑供暖，在历史上首次利用同一管道实现了通风和采暖的统一。机械风机通风系统在19世纪90年代成为广泛接受的通风系统。这种集风机与加热器于一体的集成系统为后来的风机盘管系统的产生与发展奠定了基础。[8]

在早期西方国家的城市化进程中，对于污染物的主要关注逐渐从沼泽湿地的腐烂物质的恶臭转向了城市的污水池、垃圾堆的恶臭，以及拥挤建筑的高密度人群的合理通风问题。例如，对办公室实验区域的研究表明个人电脑和受到污染的通风过滤器，对人们感受到的空气质量、健康和劳动生产率有负面影响（图1-20～图1-22），空气污染使个人电脑打字数量明显下降（图1-23）。[10,11]

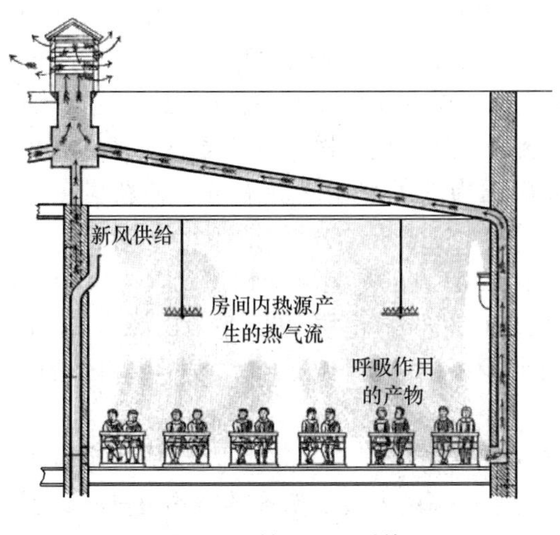

图1-20 教室通风系统

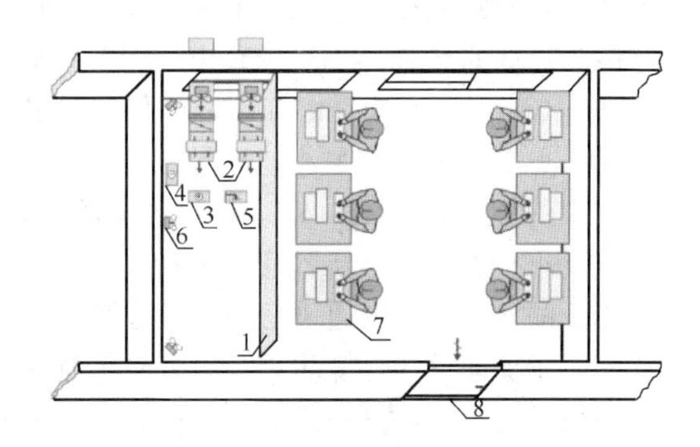

图1-21 办公室的污染通风实验

1—隔墙；2—带有减振器和消声器的室外送风机；3—电加热器；4—空调机组；5—加湿器；6—混合风机；7—办公室；8—通风排气装置

从20世纪70年代起，人们开始关注室内空气污染的危害。1980年，世界卫生组织正式将因建筑而产生的一系列相关非特定症状的疾病定名为“病态建筑综合征”（Sick Building

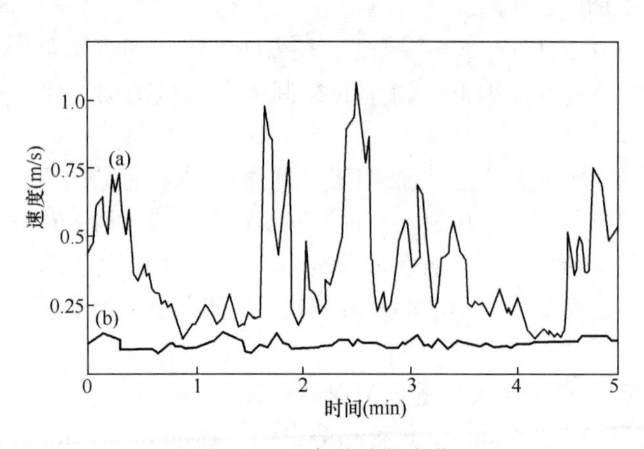

图1-22 空气流速的变化
(a) 有穿堂风的工作室；(b) 通风不良的办公室

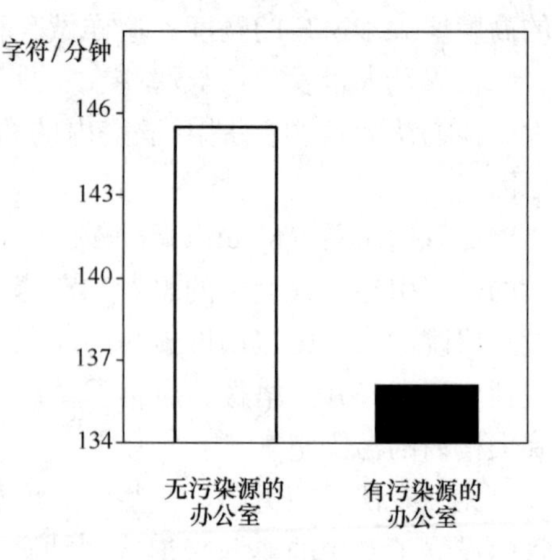

图1-23 室内空气污染源对生产效率的影响（对打字数量的影响）

Syndrome，简称SBS)。2003年，“非典”（SARS）再次提高了人们对公共建筑通风污染传播控制问题的警觉性，并且认识到只有正确的设计和使用建筑通风系统才能够保证正常的室内空气品质。

1.2.3 最小通风量与规范标准发展过程

关于通风的研究存在两个目标，即通风是基于生理需要还是舒适性需要呢？

几个世纪以来，关于通风有两个学派。建筑师和工程师关心的是改善舒适性，免于恶臭气体的影响，以及削弱氧气消耗或二氧化碳积累的影响。另一方面，内科医生关心的则是将疾病的传播降到最低。在1853～1855年，克里米亚战争以及随后几年的美国内战期间，可以发现在拥挤的、通风条件差的医院中，疾病在受伤士兵中间传播的规模较大、速度较快，而安置在帐篷或车库的受伤士兵的情况要好一些。内科医生想要通过更多的通风来减少疾病的传播。因此，Billings以他涉及的疾病为基础，建议供给每人的新风量为60cfm（28L/s），30cfm（14L/s）仅可以满足舒适性的要求。1895年ASHVE将每人30cfm（14L/s）作为最小通风量，并在1914年提出了在此通风量下的模型定律。Billings所建议的每人30cfm（14L/s）的新风量被国家建筑标准采用。到1925年，已经有22个国家要求每人的最小新风量为30cfm（14L/s)。但这往往需要机械通风才能实现，随着电力工业的发展，机械通风已经成为可能。

为了保证室内环境质量、设计有效通风系统，需要弄清楚通风和空气质量的定量关系。较差的空气质量到底是由过量的二氧化碳、还是过高的温度所造成的呢？英国学者就受限通风对健康的影响进行了研究（1907)。17个受试者待在189ft^3（5m^3）的房间里，周期为2h到13天。房间内空气流通缓慢，同时温度要受到控制，而且通常房间内的二氧化碳浓度高于3500ppm（0.35%)。在白天，受试者较为活跃时，二氧化碳的浓度会高于10000ppm（1.0%)，并且曾经达到过23100ppm（2.3%)。试验证实了CO_2不是我们所关注的污染物。但是，事实上CO_2的浓度在3%～4%时，对人的生命会造成威胁，CO_2的浓度高于5%时就会是致命的。

美国纽约州立委员会对学校教室通风的研究始于1913年。在接下来的十年中，研究了

216 个教室的各种各样的通风系统、居住者的反应、疾病的发病率以及燃料的消耗情况。[12]

试验报告（1923）的结论为，在室内环境中过热是最恼人的因素。使用自然通风的房间，将排风从一侧内墙靠近顶棚的地方排出是首选的方法。温度范围为 59～67℉（15～19℃）的开窗通风房间中，呼吸道疾病的发病率最低。温度为 70℉（21℃）的机械通风的房间中，有 18%或更多的缺席率，70%或更高的呼吸道疾病的发病率。68℉（20℃）被认为是满足舒适性要求、将疾病传播减到最低点的理想温度。此外，为了防止吹风感，开窗通风房间窗户的下面需要安装辐射和导流装置。这个试验（图 1-24）的结果成为整个美国学校的设计指南。

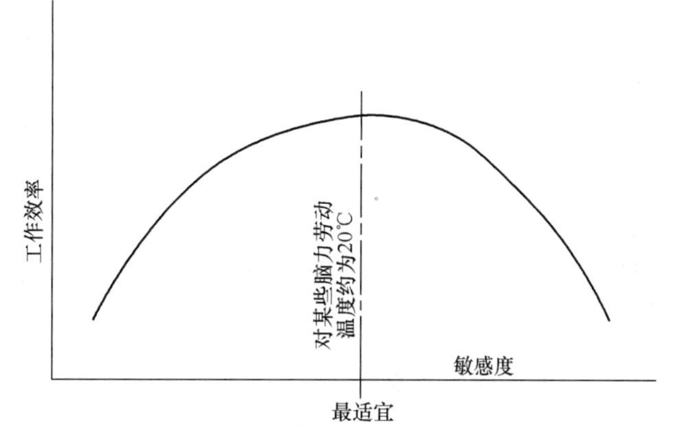

图 1-24 工作效率与温度的关系

1925 年，“建筑物供热与通风量最低要求”的规范刊登在 ASHVE 指南上。1925 年，Yaglou 研发的舒适图（关于温度、湿度和舒适性反应）同样刊登在 ASHVE 指南上。后来舒适图得到了改进，用以反映衣服热阻、供热/制冷系统设计和生活习惯的影响。第一个自然与机械通风标准，ANSI/ASHRAE 标准 62—1973，给出了 266 种用途的最小的和推荐的通风量，并成了许多国家规范的基础（图 1-25）。这个规范于 1981 年、1989 年、2007 年分别作了更新。值得一提的是，W. Cain 等人（1983）和 P. O. Fanger 等人（1983）公布的研究结果，大体上证实了 Yaglou 早期的结论。

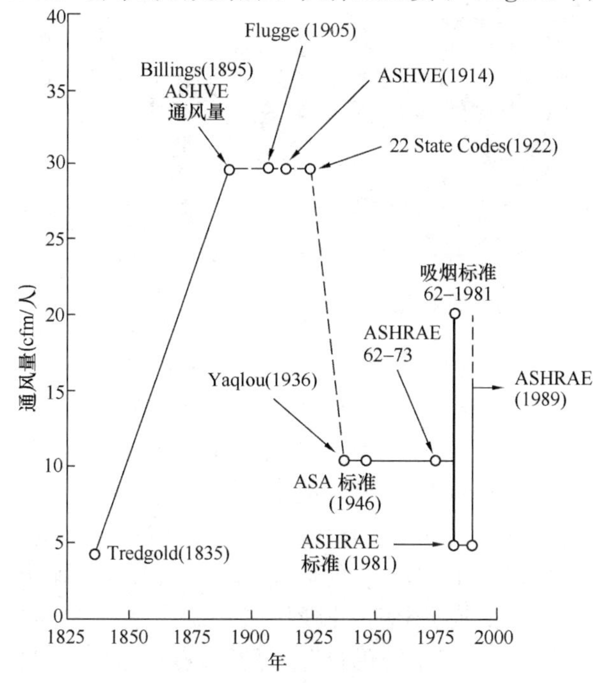

图 1-25 最小通风量标准演变过程

可以看出，19 世纪末电力工业发展以前，通过可操作窗户的自然通风几乎是建筑物通风的唯一方式。一直到 1920 年，还在重点研究开窗的相对位置和房间的排风问题。19 世纪 80 年代发明了温度自动控制技术，直到 20 世纪，才实现了所需的通风量和温度控制。尽管随着人们对生活质量要求的提高，采暖、通风及空调技术应用越来越广泛，但是淘汰自然通风方式是不应该的。为了“既满足当代人的需求，又不剥夺下一代人的生存条件”，我们应努力建造适应当地自然地理条件和气象条件的建筑物，必须在热舒适、空气质量和能量消耗间实现适当的平衡。这也是中华民族传统文化中“天人合一”、“物人同一”的整体宇宙观——我国传统文化中天然就包含着保持生态循环、可持续发展的朴素思想。尽可能利用建筑本身“室内气候调节器”特点，改善住宅室内热湿环境，提高环境质量，保障人体健康，这对于节约资源、保护环境和城镇可持续发展建设有着重要的意义。

1.3 多参数调控与空调技术

建筑空调曾在美国被评为20世纪对人类生活影响最大的十大技术发明之一，其重要性被认为高于计算机和网络技术。[13]相对供暖室内环境的单参数控制（只实现升温），空调是对室内环境进行多参数调节的技术手段。它能够调节室内空气温度，升温或降温；调节室内空气湿度，加湿或减湿；保持室内空气的流速并保证室内空气的洁净程度，或者说空调包含了供暖（采暖）和通风的部分功能。

1.3.1 空调的起源与发展

最初，人们利用冰雪融化吸收热量而达到降温的目的。罗马皇帝 Varius Avitus 下令将山上的积雪带下来放在他的花园里并堆成高山，这样可能会使自然风降温。记录表明，冰除了被贵族用于夏季降温，1825年在美国的较大城市，冰也被用于医疗事业。1842年，Gorrie为了更好地救治疟疾和黄热病患者，改善他们的生活环境，设计了一套设备来给发烧的病人降温，即用架在冰桶之上的蒸汽驱动的鼓风器向病房吹凉风。当时，用电的时代还没有到来，因此使用的是蒸汽驱动力，蒸汽机由人工操作。冰块是从纽约和波士顿运来的（图1-26）。[14]

图1-26 哈德逊河岸的采冰景象

到了19世纪后期，纺织、印刷工艺对环境的要求推动了空调技术的发展，工程师们通过已有的技术控制生产环境以满足工艺要求。Stuart W. Cramer负责设计和安装了美国南部约三分之一纺织厂的空气调节系统。系统中，开始采用了集中处理空气的喷水室，装置了净化空气的过滤设备。空气调节的英文名称 Air Conditioning 就是他在1906年所定名的。

另一位对空调的发展有着杰出贡献的工程师是 Willis H. Carrier。Carrier 是空调技术研究的先驱者。Carrier 发明了湿空气调节技术，1901年，他创建了第一所暖通空调方面的实验室。次年，他通过实践的总结，设计和安装了彩色印刷厂的空气调节系统。

在空气的热湿处理方面，Carrier 不但善于观察系统运行存在的问题，而且善于总结归纳。在解决印刷厂、纺织厂生产环境问题的实验和实践中，他得到了空气干球温度、湿球温度和露点温度之间的关系，以及空气显热、潜热和焓值间关系的计算公式，从而绘制了焓湿图，并于 1911 年发表在杂志 ASME Transactions 上。焓湿图（图 1-27）的绘制是空调史上的一个重要的里程碑。[15]

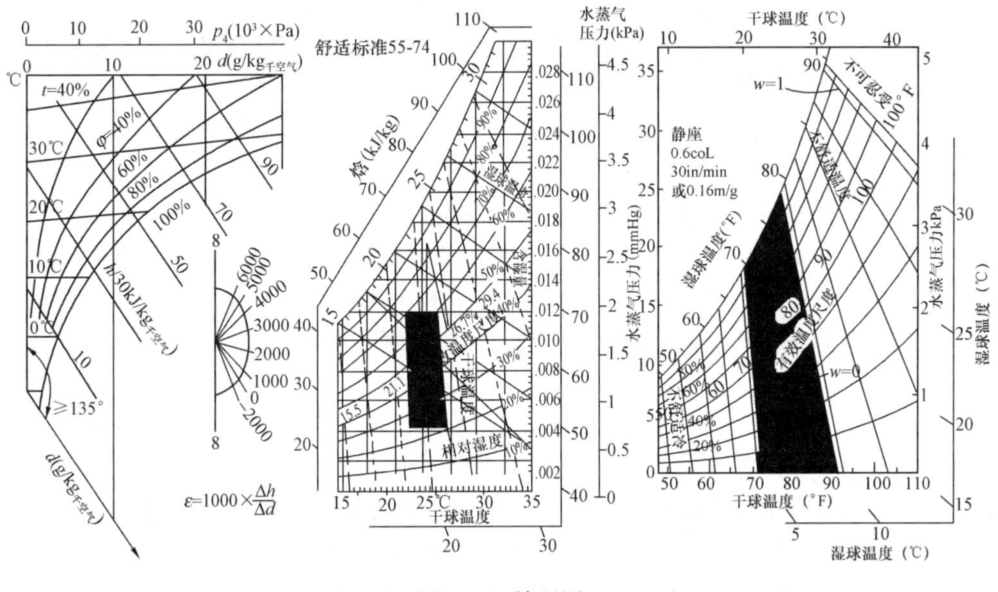

图 1-27　焓湿图

1904 年，数以千计的北美市民在圣路易斯世界博览会上感受到了空调带来的凉爽，那座建筑是密苏里州的一个有着 1000 个座位的礼堂。而更多的人则是在第一次世界大战后（20 世纪 20～30 年代）在一些剧院享受到了空调带来的舒适，见图 1-28。随后空调逐步走进了办公楼、住宅及汽车中。[16]

图 1-28　在 20 世纪 20～30 年代的影剧院

在我国，秦、汉时期，就有了以天然冰做冷源对房间进行冷却的“空调房间”，据《艺文志》记载：“大秦国有五宫殿，以水晶为柱拱，称水晶宫，内实以冰，遇夏开放”。

但现代的空调技术起步较晚。在1949年以前，只有大城市的高级建筑物中才有采暖系统或空调的应用，设备都是舶来品。上海大光明影院是最早使用集中空调系统的建筑物。新中国成立后，空调技术才得到迅速发展。

在空调迎来蓬勃发展并被广泛应用的同时，世界范围内的能源危机爆发了。1973年7月，Consumer Reports杂志出现了对空调的反思“舒适的真正价格是能源的浪费和环境的退化”。降低能源消耗也成了空调技术的目标之一。

1.3.2　制冷与空调发展大事记

空调的根源在于制冷，电的应用和制造业的发展促进了制冷设备的更新换代，而制冷设备的不断发展推动了空调产业的进步。19世纪50年代，医疗对冰的需求和采冰制冰的艰难使得John Gorrie博士不得不开发自己的制冰机（见图1-29）。这台新机器在历史上是第一个给医院提供了冰和冷空气。这也是20世纪初广泛用于航海船只的压缩空气冰制冷机器的前身。在19世纪70年代，David Boyle发明了一台利用氨的制冰机；Raoul Pictet发明了一台利用二氧化硫的制冰机（见图1-30），这是制冷设备的重要进步。随着电动机的出现，制冷设备的体量变小了。1890年，制冷系统有了各种的型号，可以为小型用户服务，比如像肉品市场和冷饮小卖部。1916年，通用电气开始着手于设计比Audiffren更简单更便宜的机组。1918年，他们开发出了一种机组，将电动机封闭在压缩机箱中，消除了电动机轴和压缩机之间令人讨厌的填料箱。封闭的电动机是美国制冷机发展的重要技术之一。1929年，通用公司的Frigidaire部门首先引进了第一台房间冷却器（见图1-31）。这是一台模仿了那个时期的冰箱设计的水冷台式空调。在接下来的三年里，许多制造商开始供应房间冷却器。1931年，De La Vergne公司制造了最初的用风冷冷却的操作台。1932年，Thorne公司引进了第一台窗式空调机。二战后，舒适性空调变得越来越受欢迎。1955年，住宅建筑商William Levitt与Carrier签订了一份合同，要将Carrier公司的空调装置作为标准设备安装在数百个新家庭中。Levitt指出，“在冬季加热房间，夏季不对房间冷却是没有意义的。不久以后，我们希望在每个人的家中安装上我们制造的中央空调设备。空调将成为现代家庭发展的基本特征”。

图1-29　Gorrie制冰机的模型

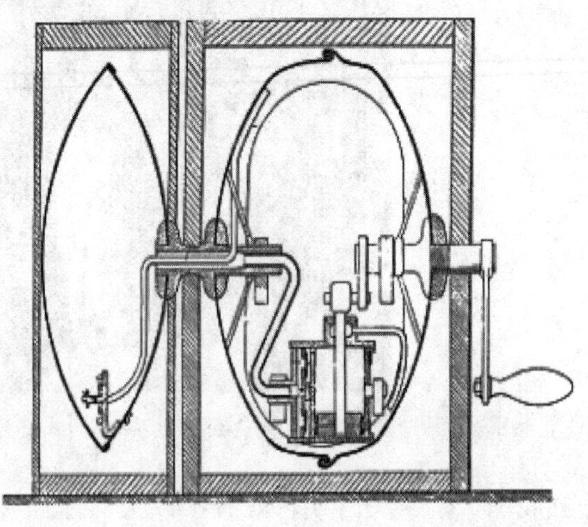

图1-30　Audiffren-Singrun二氧化硫压缩式制冷机

图 1-31 通用电气的第一台房间冷却器

建筑环境的控制是随着人类发展及技术进步，从简单到复杂从单一到多参数调节的过程。随着人类的进步，对生活质量要求的提高，制冷空调事业已步入一个新的发展时期。从改善室内环境的角度而言，建筑本身就是一种“室内气候调节器”；但是这个“室内气候调节器”是被动的，它的作用往往有局限性，因此，为满足人体的健康、舒适性要求，对住宅进行增设“主动式空调器”成为一种必然选择。建筑环境与能源应用工程专业的任务就是基于不同气候区、不同建筑形式，因地、因时制宜，合理地设计供暖、通风、空调等系统，以较小能耗来改善室内热湿环境，提高环境质量、保障人体健康，节约资源、保护环境、实现可持续发展（Sustainable Development）。

1.4 建筑环境与能源应用工程专业的任务与发展历程

1.4.1 专业任务

本科专业名称“建筑环境与能源应用工程专业”，对应的学科名称是“供热、供燃气、通风与空调工程”学科，“供热、供燃气、通风与空调工程”是本专业的硕士和博士研究生招生和培养的专业名称。其主要专业基础课程之一“建筑环境学”是反映人－建筑－自然环境三者之间关系的科学，是了解人和生产过程需要何种室内外环境，掌握室内外环境形成的特征和影响因素，通晓改变或控制特别是室内环境的基本原理与方法，为创造人工环境奠定理论基础。

本学科虽然建立在热力学、传热传质学、流体力学等基础科学基础上，但是有自己独特的基础理论。这主要由于服务对象对环境特性的反应与对环境物理化学条件的需求。例如人体对室内热湿环境、气流状况以及空气成分的反应和满足室内人员健康与舒适所要求的室内物理化学参数；水果蔬菜的生理变化与室内热湿环境和气体成分的关系及能够长时间保鲜所要求的室内物理与化学条件；冻结的食品生理特性与室内物理化学环境的关系及储藏所要求的最佳室内环境，等等。这些问题既涉及卫生工程学、采后生理学、储藏生理学、加工过程环境控制等多学科内容，又与人造空间的环境特性密切相关。无论哪类环境服务对象，都具有共同的研究与分析方法，由此形成共性的学科基础。此外，该学科与社会学、人一机工程学也有密切联系。

根据我国国情，结合不同经济发展水平的建筑能耗状况、生活方式及能源使用模式，采用不同的建筑节能技术，获得符合人类可持续发展的建筑室内环境营造方式。本学科的总体目标是创造健康、舒适、节能的人工环境，旨在达到人类与自然的和谐（对自然环境的适度要求）、建筑与自然的和谐（室内环境营造理念）、建筑及系统形式与生活模式的和谐（促进绿色行为模式），通过绿色生活方式和与之适应的建筑环境控制设备及系统形式实现节能与低碳。可以说本学科承担着节能低碳、可持续发展的历史责任。

1. 创造健康、舒适的工作与生活环境，提高劳动生产率

建筑环境与能源应用工程专业主要是以特定建筑空间（Built Environment）为对象，在充分利用自然环境条件基础上，采用人工环境工程技术，创造适合人类生活与工作的舒适、健康、节能的绿色建筑环境，创造满足工作、产品生产工艺及产品质量要求的环境。包括特殊应用领域人工环境（如交通运载工具的有限空间环境、地下工程建筑环境、农业生产环境、国防环境等）的营造和控制。

建筑环境由热湿环境、室内空气品质、室内光环境和声环境组成。采暖通风与空气调节是控制建筑热湿环境和室内空气品质的技术，同时也包含对系统本身所产生的噪声的控制。

采暖、通风和空调这三部分是在长期的发展过程中自然形成的。虽然同为建筑环境的控制技术，但它们所控制的对象与功能有所不同。

目前，我国约400亿m^2的建筑中，采暖空调等室内环境控制方式的应用面已超过80%，每年运行能耗占到我国总能源消耗量的20%以上；温室大棚的发展和普及使各种蔬菜几乎都实现了全季节供应，农业工程科技的进步实现了人民生活水平的巨大提高；此外，食品冷藏链建设的飞速发展，极大地丰富了百姓餐桌的同时，也成为食品安全保障的重要环节。据不完全统计，我国人工环境产品制造、工程实施和运行管理，已经形成一个总产值超过每年1万亿元的领域，因此对国民经济、对人民生活、对工农业生产以及对高科技探索都有着重要影响。

2. 控制生产工艺环境，提高生产效益

通常，把空气调节的应用大致分为“舒适性应用”和“工艺过程性应用”。

舒适性应用的目的是，在室外气候状况或室内热负荷不断变化的情况下，提供一个在人类舒适范围内保持相对恒定的建筑室内环境。

对于不同的建筑形式，舒适性应用也是不同的，可以分成以下几种：

1）低层住宅建筑，包括独院住宅、套楼公寓和小的公寓建筑。

2）高层住宅建筑，比如高层学生公寓和公寓大楼。

3）商业建筑，包括办公楼、购物商场、商业中心、饭店等。

4）公共建筑，包括医院、政府机关、学校等。

5）工业建筑中工人所要求的热舒适。

除建筑物之外，空调也可以用在多种交通工具上——汽车和其他的路上交通工具、火车、舰船、飞机和宇宙飞船。

工艺过程性应用的目的是为正在进行着的过程提供一个适宜的环境，这些工艺过程性

应用包括：

1）医院手术室中为了减少感染，将空气洁净处理到很高的程度；为了防止病人脱水要进行湿度控制。虽然温度经常在舒适范围内，一些专业的过程，比如说心脏直视手术需要低温（大约 18 ℃，64℉）的环境，而新生儿需要温度相对较高（大约 28℃，82℉）的环境。

2）集成电路、药物等生产的洁净室，为了保证工艺过程的成功，对空气的洁净度和温湿度控制的要求特别高。

3）繁殖试验动物的设备。因为许多动物通常在春季繁殖，全年将它们放在类似春季的环境中，这样，这些动物就会全年都可以繁殖。

4）飞机空调。虽然空调的目的在于为乘客提供舒适的机舱环境，但是飞机空调提出了一种特殊的挑战，因为随着高度的变化，舱外空气的密度、湿度和温度也都在变化。

5）数据中心、纺织厂、物理实验设备、农业种植、核设施、化学和生物实验室、矿山、工业环境、食品烹饪和加工区域等。

本专业的任务是借助于供热通风及空调手段创造舒适、健康的生活与工作环境，保障工艺生产环境，提高生产效率。

1.4.2 国内外设置该学科（专业）的状况和发展历程

如前所述，供热、供燃气、通风与空调工程学科有近百年的历史。随着行业的发展、技术融合与科技进步，供热、供燃气、通风与空调工程学科可以扩展为人工环境学科。人工环境工程英译名为 Built Environment，这一名称出现已近 20 年，其前身为 Indoor Climate。目前该词的应用越来越广，在国际上逐渐作为一个新的重要学科，发展迅速，并用这一概念统一了许多分散于许多领域的其他学科。苏联柯尔可夫土建学院等若干院校早有供暖、供燃气与通风专业，阿·格·马克西莫夫教授的《供暖与通风》即为苏联高教部推荐的本专业教材。[17]苏联的供暖、供燃气与通风专业成立于 1928 年，本科学制一般为五年。有四个专门化方向：（1）采暖、通风与空气调节；（2）采暖、供燃气与锅炉设备；（3）大气环境保护；（4）建筑能量管理。他们认为，综合性是本专业的特点，本专业的工程系统设计是建筑的一部分。所以，七十多年坚持综合性的特点基本没有变化，只是增强了大气环境的内容。发达国家 20 世纪 90 年代开始在高校出现“Built Environment”学科，如英国在多所大学中设有以这一名称命名的学院或系。日本名古屋大学也设有“环境工学”大学科，覆盖地球环境、城市环境和人居环境，其宗旨是研究人类活动所处环境的特性，营造和改善人类活动的环境，日本京都大学的学科设置也类似（名称为地球环境工学）。在欧洲，近年来各个大学正在陆续进行学科调整，已有不少大学出现了 Built Environment 或类似于此的院系，如英国卡迪夫大学、诺丁汉大学的 School of Built Environment；在美国，虽然目前这一领域主要还是分布于建筑系、机械系、农业工程系及化学工程系等，但通过有重要影响力的学术组织（如美国供热制冷空调工程师学会 ASHRAE）建立了共同的学术交流平台。随着地球环境可持续发展理念的增强，全世界对居住者健康舒适要求的日益提高，以及对生态和谐室内环境追求的迫切，本领域已经成为新的国际学科增长点。

而世界上影响和规模最大的本领域学会 ASHRAE 所涵盖的内容也与人工环境工程学

科完全一致。该学会的会员以及技术委员会和标准委员会成员由供热通风及空调工程、建筑物理、制冷及低温工程、交通和运载工具环境工程、家畜饲养环境工程等方面的专业人员构成。

我国建筑环境与能源应用工程专业创办于20世纪50年代，为解决第一个五年计划156项重点建设项目（建立我国重工业基地和国防工业基地）的“三北地区”采暖问题、工厂通风与少量建筑空调问题，在哈尔滨工业大学、清华大学、同济大学、东北工学院（现西安建筑科技大学）、天津大学、重庆建筑工程学院（现重庆大学）、湖南大学、太原工学院（现太原理工大学）八校先后创办了“供热、供煤气及通风”（简称“暖通”）专业，形成了与我国当时社会经济发展相互适应的以保障工业生产环境条件和城市建设结合的本专业高等学校人才培养基本格局。70年代后期，改革开放使本专业在民用建筑、工业建筑领域有了飞快的发展，社会需求对本专业培养的毕业生提出了新的要求，又有多所土建类院校专升本、工业类院校设置本科，专业名称为“供热通风与空调工程”。80年代本专业内容进一步扩展为采暖供热、供燃气、通风、空调、空气洁净、空调制冷，专业名称和学科名称更改为“供热、供燃气、通风及空调工程”，社会需求对本专业人才的需求量大幅增加。1998年教育部颁布的新专业目录将本专业与城市燃气供应专业合并调整为“建筑环境与设备工程”，但学科名称仍为“供热、供燃气、通风及空调工程”。学士学位授“建筑环境与设备工程”学士学位，硕士及以上学位授学科名称学位，即“供热、供燃气、通风及空调工程”博士或硕士。此时设立本专业的高等院校增加到68所。进入21世纪，我国城市建设飞速发展、城镇化建设步伐加快、工业发展突飞猛进，建筑节能、新能源应用、智能化以及工业领域节能减排的市场需求更加促进本专业的发展势头锐增，2014年设置本专业招生的高等院校发展到187所。为了适应国民经济发展的需要和本专业的发展特点，2013年，教育部在调整专业目录时将本专业更名为“建筑环境与能源应用工程”，学科名称仍为“供热、供燃气、通风及空调工程”。2002年本专业开始实施与本专业执业注册工程师相配套的建设部高等学校建筑环境与能源应用工程（当时的“建筑环境与设备工程”）专业评估，截至2014年6月通过建设部本专业评估的院校达到30所，这些高校已成为该专业发展的骨干高校。目前，我国在清华大学、哈尔滨工业大学、同济大学、天津大学、湖南大学、重庆大学、西安建筑科技大学等共有20个博士点，60个硕士点。另外，中国建筑科学研究院等相关科研单位也建设了本专业的博士点和硕士点。每年全国约有100多名博士、800多名硕士、1万余名学士在这一方向获得学位。

1.4.3 本学科主要对应的工程领域与研究方向

1. 本学科主要对应的工程领域

供热、供燃气、通风与空调工程学科旨在围绕营造不同于自然界的物理环境（温度、湿度、空气流动、气体成分及压力等），以满足人民生活需求及工农业生产的各种需求研究其工程技术等科学理论问题。该学科除研究人居环境领域外，还应解决如下工程领域问题：

1）工业生产、科学研究和医学处理所需要的特殊物理环境（如恒温、恒湿、超净、人工气候室、高压氧舱等）。

2）建筑室内物理环境及由于建筑活动导致的建筑周边微气候环境。

3）交通运载工具移动空间内的物理环境（如飞行器、潜水艇、地面车辆、船舶等）。

4）农业环境与能源工程。营造为满足农业和畜牧业生产过程所需要环境的理论与工程方法（例如各种温室和大棚、鸡舍、牛舍等），以及为满足这一类系统的需求和农村其他需求的能源系统（如沼气、生物热解制气、秸秆压缩与燃烧、太阳能等）。这一领域所涉及的问题是新农村建设的关键问题之一，并对中国社会今后的稳定和谐发展有重要意义。

5）储藏环境工程。营造食物储藏过程中的生理学变化及营造食品储藏环境的技术和工程方法。所涉及的工程为低温冷库（肉类）、常温冷库（蔬菜水果）、气调库（蔬菜水果）、冷藏运输（包括海上，公路与铁路）等。储藏环境工程与人民生活关系重大，随着现代化社会进程，日益凸显出其重要性。

6）特殊环境工程。营造为满足科研和生产所要求的特殊环境的理论与工程方法。例如：航天工程中的生存环境，提供各种实验条件的环境实验舱（高温、低温、高压、低压、瞬变等），用于医学治疗、各种科研和工农业生产过程的特殊环境（温度，湿度，压力，净化，辐射，气体成分等）。随着现代化科技和工农业的发展，这一领域的重要作用日益凸显，并经常成为某项重大科技活动，乃至国防科技或工农业领域技术突破的关键制约。

7）人工环境工程设备。研究与营造人工环境工程相关的设备和装置。例如压缩机、锅炉、制冷设备、热泵、空调设备、空气净化设备、电冰箱等。目前我国是这一领域的制造大国和出口大国，年产值 3000 亿元。

8）人工环境工程的能源供应系统。营造建筑环境相关的能源供应系统（如集中供热、热电联产、热电冷三联供、分布式能源、燃气系统等），以及农村能源系统和各种可再生能源的应用方式（太阳能热利用、生物质能生化转换和热转换）。

2. 本学科主要研究方向

（1）人工环境特性

研究由围护结构围合的室内空间的温度、湿度、气流、气体成分等物理化学特性及这些特性对室内服务对象（如人员、设备或储藏物）的影响。而室内物理环境与室内空间服务对象对物理环境的需求二者间的矛盾构成人工环境科学与工程学科最基本的科学问题。此矛盾的具体问题又视人工环境空间的服务对象不同而不同。例如民用建筑中人由于温度、湿度、长波辐射和空气流动造成的热舒适性及不同气体成分对人体健康的影响是服务对象需求的基本问题，而其物理和化学环境又是由围护结构的传热特性、通风特性、室内外空气流动特性和围护结构与室内装修材料等污染物释放特性所决定。

（2）人工环境营造技术

研究如何通过围护结构的合理设计与选材及室内环境控制系统的联合作用，营造出满足需求的物理参数与室内空气成分的人工环境。这通常就是建筑物的热工设计和采暖通风空调系统设计，温室与大棚的设计和相应通风与采暖系统的设计，航空及航天载人舱内环境的实现和生命保障系统的设计，冷库和气调库的结构热性能与气密性设计和制冷与气调系统的设计，以及人工气候室围护结构热工设计和实现各类人工气候的环境控制系统。

（3）人工环境设备

研究营造人工环境所需要的各类设备的性能，研制开发新的设备。例如各类热泵、制冷机、空调机、各类换热设备、空气净化设备、热能蓄存装置，以及气调所需要的制氮机、降氧机等。

(4) 人工环境的能源供应系统

研究为了满足各种人工环境营造系统所要求的能源供应转换系统和可再生能源系统。例如热电联产、热电冷三联供、分布式能源，以及各类太阳能、生物质能利用系统等。

1.4.4 本学科与其他学科的联系

建筑环境主要研究建筑内外的空间环境，其主要内容有建筑外环境、室内空气环境、建筑热湿环境、建筑声环境、建筑光环境、建筑环境的综合控制与评价等。人类在日常生活中无时无刻不在接受着建筑环境的影响。本学科不是孤立存在的而是与以下相关学科有一定的联系。

(1) 动力工程及工程热物理

动力工程及工程热物理涉及的传热传质、流体力学等基础理论也是人工环境工程学科的基础理论。但是这一学科主要关注于热功转换过程，而人工环境工程则关注于热量与物质的传递，视角不同导致许多问题的分析研究方法不同。

(2) 城市规划、建筑学、风景园林

城市规划是为了实现一定时期内城市的经济和社会发展目标，确定城市性质、规模和发展方向，合理利用城市土地，协调城市空间布局和各项建设所做的综合部署和具体安排。建筑学的关注点是建筑造型和建筑功能，是研究建筑物及其环境的学科，旨在总结人类建筑活动的经验，以指导建筑设计创作，构造某种体形或空间环境等。风景园林学是规划、设计、保护、建设和管理户外自然和人工境域的学科，核心内容是户外空间营造，根本使命是协调人和自然之间的关系。其二级学科建筑技术与本学科有类似的学科基础理论，但建筑技术关注的是建筑围护结构的物理性能，即被动式环境调节方法，而后者则更多地采用供热、机械通风和空气调节系统等主动式环境调控方法。

(3) 土木工程

土木工程的关注点为各类建（构）筑物的结构，基础理论为结构力学和建筑材料科学等。

(4) 交通运输工程

地铁地下环境的营造、运输车辆内环境的调控，同属于人工环境科学与工程的研究对象。

(5) 人机与环境工程

人机与环境工程的基础理论和方法与人工环境科学与工程相同。

(6) 食品科学与工程

农产品加工及贮藏工程、水产品加工及贮藏工程的储藏都是通过营造适宜的人工环境实现，与人工环境科学与工程具有相同的科学基础与方法。

关于本专业应用所涉及的领域，将在第二章“本专业在社会经济发展中的应用”做详细的介绍。

对本学科研究而言，针对特定空间的温度、湿度、气流、气体成分等物理化学特性，及室内物理环境与服务对象对物理环境关系的研究是建筑环境与能源应用工程专业的主要任务。

思 考 题

1. 人对建筑的使用可以追溯到“史前”，那时候的建筑主要起到什么作用？与现代建筑的主要区别是什么？

2. 请归纳出“建筑环境与能源应用工程”专业的名称更改与专业作用之间的关系。

3. 请叙述本专业的专业名称和学科名称的区别和内涵。

4. 我国最早建立本专业是哪几个学校？

5. 世界文明的发源地处于南北纬 20°～40°之间，为什么？

6. 供暖、通风及空调分别能对哪些室内环境参数进行调控？为什么？

参 考 文 献

[1] 刘金玉，黄理稳著. 科学技术发展简史. 广州：华南理工大学出版社，2006.

[2] 汝信主编；徐怡涛编著. 全彩中国建筑艺术史. 银川：宁夏人民出版社，2002.

[3] 罗哲文，王振复主编. 中国建筑文化大观. 北京：北京大学出版社，2001.

[4] 曹劲著. 先秦两汉岭南建筑研究. 北京：科学出版社，2009.

[5] 王鹏. 建筑适应气候—兼论乡土建筑及其气候策略. 清华大学博士论文，2001.

[6] 朱颖心等. 建筑环境学(第三版). 北京：中国建筑工业出版社，2010.

[7] 贺平，孙刚，王飞等编著. 供热工程(第四版). 北京：中国建筑工业出版社，2009.

[8] D. Miehelle Addington. Indoor Air Quality Handbook-Chapter 2：The History and Future of Ventilation. NewYork：MeGraw-Hill ComPanies，2000.

[9] Elliot，Cecil D. Techniques and Architecture Cambridge，Mass. The MIT Press，1992.

[10] D. J. 克鲁姆等. 建筑空气调节与通风. 北京：中国建筑工业出版社，1982.

[11] P. Ole Fanger D. Sc. Human Requirements in Future Air-Conditioned Environments. International Journal of Refrigeration 24：148-153，2001.

[12] John E. Janssen. The History of Ventilation and Temperature Control. ASHRAE Journal，47-52，1999.

[13] (美)美国国家工程院编. 常平，白玉良译. 20 世纪最伟大的工程技术成就. 广州：暨南大学出版社，2002.

[14] John Gladstone. John Gorrie，The Visionary. ASHRAE Journal，29-32，1998.

[15] Bernard Nagengast. Early Twentieth Century Air-Conditioning Engineering. ASHRAE Journal，55-62，1999.

[16] Mike Pauken，P. E. A History of Air Conditioning in the Home：Sleeping Soundly on Summer Nights. ASHRAE Journal，40-47，1999.

[17] (苏)Г. А. 马克西莫夫著. 供暖与通风(中译本). 北京：建筑工业出版社，1957.

第2章　本专业在社会经济发展中的应用

本专业应用领域涉及建筑业、制造业、农业、交通运输、医药卫生、航天军事等。专业应用的内容，主要是在上述领域中营造与外界(自然界)不同的，且满足人类生活、生产工艺所需的内部环境。随着工农业生产、建筑、交通、国防等的发展和人民生活水平的提高，对人工环境的要求越来越高，离开本专业的应用，人类的生活质量将明显下降，甚至无法生存；产品质量难以保证，甚至不可能生产出合格的产品；在一些特殊领域，人工环境的营造是该领域事业的前提条件。可以说，建筑环境与能源应用工程专业的应用涉及现代社会经济发展的各个领域。

按照内部环境控制的要求，内部环境的热工参数控制包括：空气温度、空气湿度、热辐射强度等；内部环境的空气品质控制包括：化学污染物浓度、CO_2 浓度等；以及其他物理参数，如空气中悬浮的固体颗粒物浓度、悬浮的生物颗粒物浓度、新鲜空气量、噪声和振动等。在某些特殊场合中，核辐射强度也是内部环境控制的重要指标。

在营造内部环境控制过程中，必然要消耗能源。如何减少能源消耗，特别是化石能源的消耗，也是本专业的重要内容。在营造上述内部环境过程中减少能耗，以可再生能源替代常规能源，是本专业应用的重要延伸。在特定的时期，能耗甚至是国民经济发展的瓶颈，成为本专业应用过程中的热点问题。

本章将对本专业在这些领域中的应用进行简要的介绍。

2.1　在民用建筑领域的应用

民用建筑是建筑环境与能源应用工程专业最为重要的应用领域。民用建筑包括公共建筑和居住建筑。其中，公共建筑包含办公建筑(如写字楼、政府部门办公楼等)、商业建筑(如商场、金融建筑等)、旅游建筑(如酒店、娱乐场所等)、科教文卫建筑(包括文化、教育、科研、医疗、卫生、体育建筑等)、通信建筑(如邮电、通信、广播用房)以及交通运输类建筑(如机场航站楼、高铁站、火车站、汽车站等)。住宅建筑是供家庭居住使用的建筑(含与其他功能空间处于同一建筑中的住宅部分)。此外，地下建筑是建造在岩层或土层中的建筑，它是现代城市高速发展的产物，起缓和城市空间矛盾、改善生活环境的作用，也为人类开拓了新的生活领域。

在这些建筑的内部，营造适宜的环境，为人类工作、生活提供健康、舒适的场所，是本专业应用的主要领域之一。以下就建筑环境与能源应用工程专业在民用建筑中的应用情况，以控制参数为切入点进行介绍，并以案例的方式加以补充说明。

2.1.1　主要控制参数

在民用建筑领域，营造建筑内部环境的主要控制参数包括：

1. 空气的温、湿度控制

在民用建筑领域，建筑内部环境控制的服务对象主要是人，即以“舒适度”来衡量建筑内部环境的热工参数，而空气的温、湿度是建筑内部热工参数的主要组成部分。人体感受的环境参数，也是以空气的温、湿度为主。过冷、过热、太冷、太热、太干、太湿等表达的均是对空气温、湿度的评价。人体的感受是决定建筑内部环境控制的主要因素。评价建筑内部环境是否满足要求，通常是采用“预计平均热感觉指数”(*PMV*，Predicted Mean Vote)和“预计不满意者的百分数”(*PPD*，Predicted Percentage of Dissatisfied)。

PMV 值是丹麦范格尔(P. O. Fanger)教授提出的表征人体热反应(冷热感)的评价指标，代表了同一环境中大多数人的冷热感觉的平均值。*PMV*=0 时意味着室内热环境为最佳热舒适状态。见表 2-1。国际标准 ISO 7730 对 *PMV* 的推荐值为 *PMV*=－0.5～＋0.5之间。*PMV* 指数可以根据人体热平衡计算，涉及的环境参数包括：空气温度、平均辐射温度、空气流速及空气相对湿度等。*PPD* 指标是范格尔教授提出的预测人群对热环境不满意的百分数。

PMV 热感觉标尺 **表 2-1**

热感觉	冷	凉	微凉	适中	微暖	暖	热
PMV 值	－3	－2	－1	0	1	2	3

研究表明，满足人体生理需要的空气温、湿度既有共性，也存在国家和民族之间的差别。而根据不同气候形成的长期的生活习惯，也是造成热舒适性需求差别的因素。当人体衣着适宜、保温量充分且处于安静状态时，室内温度 20℃比较适宜，18℃时无冷感，15℃是产生明显冷感的温度界限。同样，如果室内温度过高，人体会出汗、不舒适，甚至中暑。因此，根据我国相关规范的规定，严寒和寒冷地区冬季房间内部设计温度应该在 18～24℃，夏热冬冷地区房间内部设计温度应该在 16～22℃。而在夏季，对于舒适性要求较高的房间内部设计温度应该在 24～26℃，舒适性要求一般的房间内部设计温度是在 26～28℃。在上述空气热工参数控制范围内，对控制参数的波动也有明确的规定。对于车站、码头等人员逗留时间不长的公共空间，控制的要求相对较低；对于高级宾馆、手术室等场所，控制要求相对较高。

人工手段所营造的环境，对空气的垂直温度梯度和水平温度梯度也有明确的控制规定，否则，会造成因温度梯度过大而产生不舒适感。人体不能接受较大的温度梯度，过大的温度梯度，会造成人体忽冷忽热的感觉，严重的时候会导致人产生疾病。在营造建筑内部环境时，难免会有一定的空间温度梯度存在。根据人体所能接受的温度梯度和营造空间舒适环境的要求，通常将室内空间的温度梯度控制在 2℃以内。

2. 风速及新风量的控制

风速是人体感受比较敏感的环境参数之一。风速过大，导致人体产生吹风感，同时，人体在与周围环境进行热湿传递过程中，需要有一定的风速。人体感受到的吹风感，与周围环境空气的温度、湿度有关。当人体处于比较闷热的环境中，能够接受较高的风速；当人体处于较低温度的环境中，对风速的感觉就变得敏感。人体对风速的感受，或者说，对风速的限制，不同的环境是不同的。风速的存在有时候会改善人体对周围环境的热感觉，如适宜温度下模拟的自然风风速，给人以“新鲜”的感觉，能够提高人的工作效率等。正是这种对风速控制的复杂性，使得在营造建筑内部环境时必须综合考虑包括风速在内的多种复杂因素。如何优化建筑内部空间的气流，进而有效地控制风速，是本专业领域的重要内容之一。

在一些特殊的民用建筑中，对风速有着特别的控制要求。在乒乓球、羽毛球比赛场馆及室内短跑比赛场馆，过大的风速将影响比赛成绩和比赛的公正性，因此，我国和国际上的体育运动组织对室内风速都有明确的规定，如在乒乓球比赛场馆，要求场地的通风空调风速小于 0.2m/s。

室外空气(新风)量的需要，比较容易理解。人体呼吸需要氧气，而氧气来自于室外的空气。因此，连续不断地给建筑内部提供适量的新风是必要的。但是，给建筑内部提供多少新风量为适宜，所涉及的因素多且十分复杂。

首先，新风量应该满足人体生理的需要。人体每小时呼吸量大约在 1.0m^3 左右，呼吸的空气自然是应该有较好的“质量”。通常，根据不同的建筑功能，每人每小时的最小新风量控制在 10～30m^3，在人员密集的场所，每人每小时的最小新风量取值较小；而在办公室和宾馆客房，最小新风量取值较大。最小新风量取值的变化并不代表在不同的场所下人体对新风量需求的变化，而是主要考虑能耗的因素。因为在空调系统中，将室外新风的热湿参数处理到室内水平，往往需要消耗大量的能源，甚至是空调系统的主要能耗之一。因此，在确定新风量大小的时候，在满足人体新风量需求的同时，必然要考虑新风处理的能耗。

其次，新风量应该满足建筑物的内部空气压力控制的需求。为了防止室外未经过处理的空气无组织地进入室内，建筑物内部空气压力有一定的控制要求。建筑内部空气压力的大小，除了与建筑的气密性有关外，主要与空调系统的新风量有关。而对于一些特殊建筑，如传染病医院，建筑内部房间、走廊之间也有空气压力梯度的控制要求。即要求未污染区域的空气流向污染区域，以保护健康的医务人员。而实现建筑内部房间、走廊之间的空气压力梯度控制的有效手段之一，也是控制新风量。

还有，新风量应该满足去除室内化学污染物的要求，即通过新风的引入，稀释建筑内部空气环境中的化学污染物浓度。

在确定建筑的新风量要求时，还必须考虑空调系统自身的新风要求。关于新风量的要求，在本专业的后续课程中会有详细的介绍。

3. 化学污染物的控制

大量的人工建筑材料、装修材料应用到现代建筑中，必然会导致人们对化学污染物的担心。实际上，由于大量化学材料的应用，已经对建筑物的使用产生了负面的影响，或者说尚无证据证明没有负面影响。特别是挥发性有机物在空气中的存在，哪怕是微量的存在，也将对人类产生绝对的负面影响，甚至是致命的影响。

控制室内化学污染物的浓度，除了选用健康的建筑材料、装修材料外，在本专业领域的方法主要有两种：一是强化通风，即增加新风量，通过新风对化学污染物的稀释来降低室内空气化学污染物的浓度。但这种方法的代价是增加了能耗，显然是有局限性的；二是通过气流组织，将化学污染物有效地集中和排除，避免化学污染物散发到建筑内的其他部位。

4. 悬浮固体颗粒和悬浮生物颗粒的控制

在空气中有悬浮固体颗粒和悬浮生物颗粒的存在。固体颗粒是指没有生命的颗粒，与此相对应的是生物颗粒，包括细菌、病毒等。对于固体颗粒，当这些颗粒的浓度达到一定的程度，将会给人体造成危害。对于较大颗粒，通过人体鼻腔等呼吸道黏膜，可以有效阻止其进入身体。对于小颗粒的固体颗粒物，它与气流的"跟随性"很好，虽然能够进入身体，但也会随着呼出的气体排出。当固体颗粒的粒径较小，且在一定的粒径范围内，能够进入人的身体而且将长期存留在人体内，给人体带来健康问题。目前，社会上普遍关心的PM_{10}和$PM_{2.5}$就是属于这类固体颗粒物。因此，在人员工作、学习和生活的建筑内部环境中，应该对这类固体颗粒物加以关注并控制，而实现这种控制的手段包括空调系统，更具体地说是通过空调系统的空气过滤器有效阻止这种颗粒物进入室内。

生物颗粒所携带的生物是细菌和病毒，这种颗粒物会给人类造成极大的危害，应该严格控制。实际上，在自然界，生物颗粒无所不在，也不可能彻底去除。在民用建筑中，通过控制其浓度来实现控制要求。在民用建筑的一些特殊场所，如医院病房、手术室、商场内的食品销售场所，对生物颗粒浓度均有严格的控制要求，对一般的公共场所，也有一般的控制要求。

需要特别提出的是，细菌和病毒是不能以单独的个体在空气中存在的，它必须形成一团且附着在固体颗粒物上以吸取水分和养分，由此形成菌团，否则它无法长时间悬浮在空气中并生存。因此，悬浮的生物颗粒一般粒径较大，也具有固体颗粒类似的力学特征。在医院等场所，比较常用的医学方法是向空气中喷洒消毒剂进行消毒。而在本专业领域，由于它的粒径较大，一般通过空气过滤器滤除，或者通过带有消毒剂的空气过滤器滤除后再进行消毒。

2.1.2 应该注意的问题

综上，建筑环境与能源应用工程专业是营造民用建筑内部环境的专业，是民用建筑不可缺少的重要专业。可以说，没有建筑环境与能源应用工程专业，就不可能有现代建筑。然而，在营造建筑室内环境的过程中，伴随着室内环境的改善，也会出现其他一些问题，如果不加以注意的话，将导致严重的后果。这些问题包括：能源问题、病态建筑综合征问题等。

营造民用建筑内部环境，使得人们有了更加舒适的条件，在舒适的环境中生活、工作、享受体育赛事和精彩的艺术表演、观赏精美的艺术品。也使得原来不适宜居住的地方成为可以居住的地方。但是，其代价是消耗了大量的能源。据统计，消耗在民用建筑领域的直接能耗占全社会总能耗的25%～35%，并且，随着社会发展和生活水平的提高，这一比例数还将进一步提高。节能减排已经成为全社会的共识，以最小的能源消耗来营造建筑内部环境提升的要求，是摆在每一个建筑环境与能源应用工程专业从业人员面前的重要问题。

如果为了节能，将建筑物封闭起来，这样减少了室外新鲜空气的进入；人们长期工作、生活在与外界不同的室内环境之中，建筑内外的环境差别较大。这类现象也会导致人体不舒适，甚至产生疾病。所谓的病态建筑综合征(SBS, Sick Building Syndrome)，指人在一个封闭的办公环境里产生的困倦、头晕、胸闷等不适症状，1979年被世界卫生组织正式定义。致病原因主要有三方面：一是封闭，在封闭的室内，由于进来的新鲜空气过少，在氧气逐渐消耗的过程中，细菌也在加速繁殖；第二个原因是空调，湿法空调在运转的时候有很多冷凝水，并通过排水管排出，这种环境特别容易滋生军团菌；第三个原因是装修、装饰材料散发的甲醛、苯、氨，以及挥发性有机气体而导致的室内空气化学污染。

2.1.3　案例介绍

有关民用建筑室内环境营造的案例举不胜举，只要给予必要的关注就会发现，在人们工作、生活的周围，到处都有被人工控制的室内环境存在。以下就一些普通的案例进行介绍。

1. 案例一

北京某体育馆(图 2-1、图 2-2)，建筑面积 61591m^2，高度 27.8m，共有座位数 17754 个。该体育馆比赛大厅及观众休息厅均采用全空气空调系统，比赛大厅为观众座椅下送风；其他空调房间则采用风机盘管加新风系统；个别弱电机房设分体式空调。另外，在比赛大厅、观众休息厅、餐厅、商店和其他一些暗房间及内走道设有机械防排烟系统，在排烟楼梯间和赞助商包厢外的走道设有消防正压送风系统。

图 2-1　北京某体育馆外观图

图 2-2　北京某体育馆内部图

案例一有以下几个关注点：

1)该体育场馆属于高大空间，高大空间的送风系统要确保能够将处理的空气送至人员的活动区域，解决人员活动区域的冷热负荷的需求。因此采用射流或者旋流的送风方式。

2)高大空间容易造成较大的垂直温度梯度，特别是在冬季，热空气上升。因此在气流组织方面应该给予充分考虑。

3)不同的人员活动区域有不同的环境参数要求，应该同时满足不同的人员区域的要求。

4)类似的体育场馆空调系统运行能耗大，因此应该特别注意常年运行的区域与仅仅在有赛事时运行的区域之间的区别。即在空调系统设计时，常年运行的区域与仅仅在有赛事时运行的区域不应在同一个空调系统内。这样的系统模式有助于节能。

2. 案例二

某大学计算机房位于某 2 层建筑二层。计算机房内设顶棚，下铺活动地板，净空高度为 3m，活动地板架空高度为 300mm。机房分为主机房及终端室，其中主机房面积约 $55m^2$，终端室面积约 $63m^2$。主机房与终端室分别设立两个独立空调系统，各设置一个空调机房。对于这两个空调系统，新风由外墙引入，经过管道设置的粗效过滤器进入空调机房，进入空调机组再通过活动地板下的空间由地板送风口送至房间；回风口则设在顶棚下的机房墙上。送回风方式均采用下送上回气流流型。主机房得热量约 31.4kW，终端室得热量约 27.9kW。空调设备选用水冷式机房专用空调机，风量为 $15000m^3/h$，制冷量为 39.54kW，同时设一台备用机房专用空调机组。

案例二有以下几个关注点：

1)计算机房建筑的空调系统应该同时满足人员的舒适性要求和计算机主机(服务器)工作的环境要求；

2)计算机房建筑的夏季冷负荷很大，甚至冬季也需要制冷，因此，如何降低空调负荷成为空调系统设计的关键之一；

3)我国有针对机房设计的专门标准，在进行计算机房建筑的空调系统设计时，应该遵循相关的机房设计标准，如空调系统的防静电要求；

4)由于机房空调的主要对象包括计算机服务器，在机房内部的气流组织有专门的要求，多采用地板送回风。

3. 案例三

洁净手术室是医院建筑的一部分，因此也是公共建筑。截至 2012 年，我国已建成大约近万间洁净手术室。图 2-3 为某洁净手术室，图 2-4 为洁净手术室空气气流组织示意图。

案例三有以下几个关注点：

1)洁净手术室的净化空调系统主要控制的是悬浮生物颗粒，因此，在空气过滤系统方面，一般需要有粗效过滤器、中效过滤器和高效过滤器三级过滤。但是由于生物颗粒粒径较大，为 5μm 甚至更大，所以与电子厂房的净化空调相比，对高效过滤器的要求不高。

2)洁净手术室的净化控制区域是手术台，在净化级别的控制方面，手术台及其上方的净化级别应该高于手术室其他区域。

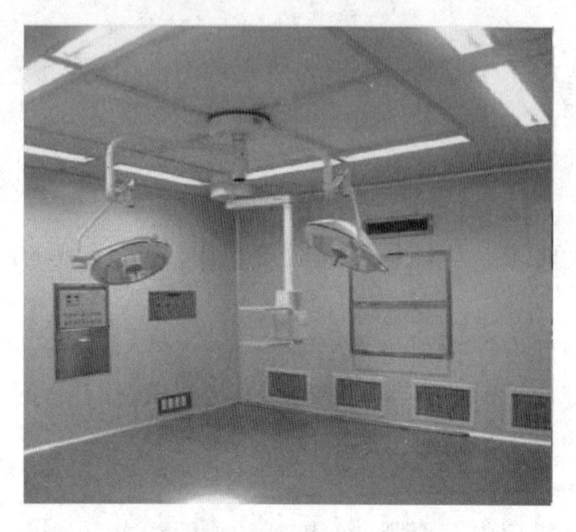

图 2-3　某洁净手术室

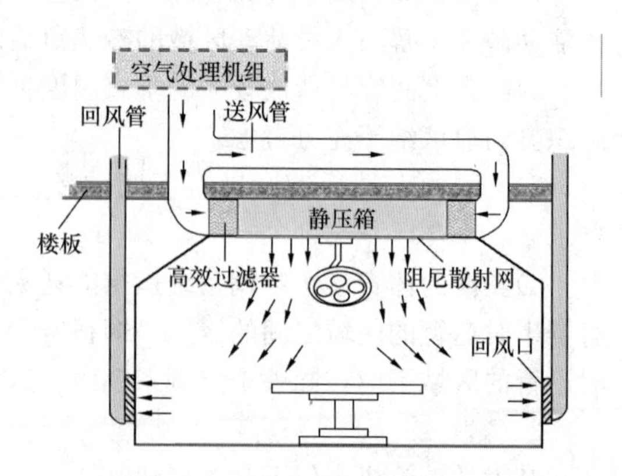

图 2-4　洁净手术室空气气流组织示意图

3)由于在手术之前、术中和术后医务人员和病人的衣着较少，因此对手术室的温度控制要求较高，不能按照一般的舒适性要求进行设计。

4)我国有针对手术室设计的专门标准，在进行手术室的空调系统设计时，应该遵循相关的设计标准。

综上，对于民用建筑，室内环境的营造包含了舒适、健康、高效等几个方面的理念。单纯地追求其中的某个方面，都是片面的。如仅仅追求舒适而忽视健康的环境，本身也不会是舒适的环境；仅仅追求舒适和健康，忽视了能源消耗，这样的舒适和健康也是不可持续的。因此，除了为建筑物提供舒适、健康的工作及生活环境外，本专业在建筑中的应用还包括建筑节能技术的应用。建筑节能技术涉及建筑、供暖、通风、空调、照明、电气、建材、热工、能源、环境等许多专业内容，是多学科交叉的综合性技术。它包括了多个领域：新型低能耗的围护结构；新型能源的开发，包括太阳能、地下能源开发利用以及能源综合利用；室内环境控制(供暖、通风、空调、照明等)成套节能技术和设备；建筑能源系统运行管理；现有建筑的节能改造，特别是围护结构和供暖空调系统改造等。

2.2　在工业领域的应用

随着现代制造业的不断发展，生产技术的不断进步，产品的精度要求不断提高，生产工艺对车间内部空气温度、湿度、风速、洁净度等参数的要求越来越高，这就要求生产车间采用工艺性空调。工艺性空调可分为一般降温性空调、恒温恒湿空调、净化空调。本专业在制造业的应用，也可以归类到本专业在工业建筑中的应用。

建筑环境与能源应用工程专业在制造业的应用，主要是控制工业生产环境，使其满足人体和生产工艺环境的要求。

2.2.1　降温性空调和通风

对于一般工业厂房，从劳动者保护和安全生产角度，只规定温度或湿度上限。要求在夏季工人操作时手不出汗，不使产品受潮，无精度要求。对于类似铸造车间、电镀车间等有粉尘和其他污染物产生的场所，排出的污染物应该集中收集、处理并排放。

由于这类的工业厂房发热量极大，不可能营造整个车间均达到舒适性要求。因此，在解决工业厂房内部环境控制问题时，控制的空气温度较高。对于操作人员经常活动的区域，建立局部控制空间，如采用“空气淋浴”的方式，既解决该操作人员经常活动的区域的局部环境，同时也不会消耗太多的能源。

2.2.2 恒温恒湿空调

对于机械工业、电子工业、纺织工业以及有关工业生产过程所需的控制室、计量室、检验室等，恒温恒湿空调对室内空气温、湿度控制范围和精度都有严格要求。除对空气温、湿度有要求外，恒温恒湿空调还对气流速度和室内含尘浓度进行控制。

机械工业领域对环境恒温恒湿的要求有：对于精密计量测试，如计量室、三坐标测量室，要求为20±0.2℃、60%±5%；对于精密加工，如坐标镜床、螺纹磨床、线纹尺和光栅刻线等，要求为20±0.1℃、40%±5%。温度的变化是导致物件变形的主要因素，对环境温度的严格控制是防止物件变形的主要技术措施。

电子工业领域，半导体厂的集成电路生产车间、无线电厂的电容器车间和装配车间，显像管厂的屏涂车间和装配车间，以及配套的仪器室、电气测量室等都对空气温度、湿度有较高的要求，其中集成电路生产车间不但有温湿度要求，还有洁净度要求。

纺织工业领域，空气湿度直接影响纺织工艺和产品质量。因此纺织工业中的棉纺织工业、人造纤维工业、合成纤维工业对车间环境也有一定的恒温恒湿要求。在纺织工业建筑中，较高的恒温恒湿要求是防止纤维丝断线的主要技术措施。

在印刷工业领域，为保障印刷质量，需要对印刷车间空气环境维持较高精度的空气温度、相对湿度的控制。如果湿度过大，会导致印刷油墨的渗透；如果湿度过低，会导致印刷油墨覆盖的不完全，都会影响印刷产品的质量。

2.2.3 净化空调

在电子、半导体生产车间，对生产环境中的空气悬浮颗粒物粒径有严格的要求，满足这方面要求的手段是净化空调。净化空调系统需满足包括对环境空气的温、湿度及其精度的控制要求和空气中所含尘粒的大小、数量的控制要求。大规模和超大规模集成电路芯片，导线之间的间距只有几个微米甚至更小，洁净度的控制要求是防止导电颗粒沉积在芯片表面造成短路而导致废品。图2-5为某无尘净化车间。

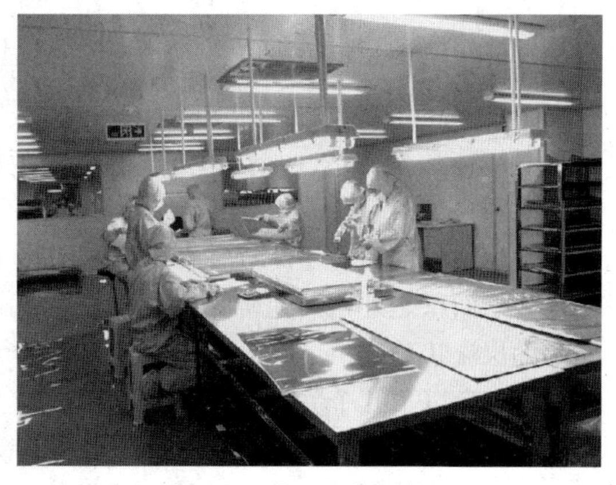

图2-5 某无尘净化车间

与公共建筑中的医院手术室环境类似，在食品、药品生产加工环境中，除了对环境的温、湿度有控制要求外，对生产环境的空气悬浮微生物浓度也有严格的控制要求，这类控制的手段也是净化空调系统。如前所述，空气中的悬浮微生物一般不能单独存在，而是依附在固体颗粒物上，形成微生物团，称为生物颗粒。去除这一类的生物颗粒方法，与处理一般固体悬浮颗粒物的方法相同，但控制的标准、对处理后的生物颗粒处理要求更加严格。

在涉及"核辐射"的环境，如核电厂内部环境，其空气调节系统对核粉尘的处理有特殊的要求，包括对空气中核粉尘的浓度进行控制，以及失效后的空气过滤器的特殊处理。

另外，在某些存在高温高湿、不对称辐射、低氧等不利于人体生产、生活的环境，如何局部处理空气环境，保障人员的生命安全和生产安全，是建筑环境与能源应用工程专业近年来的新应用领域。如：在高温高湿的车间，矿井深部、高原作业场所等，营造局部环境，保障人员的安全、提高劳动效率等。

运动员的训练过程中，有适当的低氧环境，对运动员的体力耐力有积极的作用。因此，我国的运动员经常到云贵高原进行训练。为了满足这样的需求，我国已经在若干体育院校建立了低氧环境舱，用于运动员的训练。建立这样的低氧环境舱，也是建筑环境与能源应用工程专业的任务。

1. 案例四

某印钞厂恒温恒湿厂房，总建筑面积 46700m^2，建筑高 45.2m。主楼中部 4 层，局部 5 层。每层南、北各设一印刷生产车间，4 层共八个车间，每层各车间外围上部空间为参观廊。各层南北车间之间为立体库，高 32m，其内立体货架高为 29m。车间内热量主要来自主、辅电动机发热量，电加热发热量及岗位照明发热量等。根据车间的平面和生产工艺，恒温恒湿空调系统采用不同的气流组织形式。凹印车间因负荷大、风量大，采用侧送风结合沿侧墙贴附下送方式。其他各恒温恒湿车间分别采用单侧上部侧送、同侧下部回风的气流方式。为尽量避免印刷机处于送风射流区，同时提升冬季送热风的效果，各车间送风口均采用自力式温控调节叶片风口。

案例四有以下几个关注点：

1)纸币是一个国家经济活动中的交换媒介、价值尺度、支付手段，体现了国家形象。因此质量要求高。在纸币的制作过程中，分层印刷的层与层之间，不能存在油墨的渗透现象；同层的图案也不应该存在"渗印"而出现"毛刺"。因此，对生产环境的空气温度和湿度均有严格的控制要求。

2)印钞车间的安全非常重要。用于营造印钞车间生产环境的空调系统管道必须有严格的防护。

2. 案例五

天津市某电子产品生产厂房，用于生产高端集成电路芯片。该厂房洁净控制区面积 2000m^2，空气的洁净度控制级别为 0.1μm1 级，即在一个立方英尺的空气体积内，大于 0.1μm 的固体数不能超过 1 粒。空气的温湿度控制在 26±0.5℃、60%±5%。循环空气采用高效和 0.1μm 超高效空气过滤器，其中在送风末端采用 0.1μm 超高效空气过滤器。送风方式采用吊顶满布超高效垂直层流，即除了安装过滤器所必要的"龙骨"和安装照明灯具所需要的面积之外，其他所有吊顶均安装超高效空气过滤器。并且保持生产车间空气自上而下的层流状态。

案例五有以下几个关注点：

1)如此高级别的净化空调系统，一般换气次数很大。如本案例的净化空调换气次数到达 60～100 次/h，因此空气输送的能耗非常大。

2)在这样的工业建筑中，绝对不允许室外空气无组织地进入，必须保持较高的室内空气压力。而新风量的大小决定了净化车间的室内空气压力，因此，必须设计安装专门的新风处理机组，且室外新风必须经过粗效、中效和高效三级过滤。

3)由于空气净化级别很高，在净化空调系统的送风末端，即超高效空气过滤器是否有泄漏现象，成为能否实现如此高级别净化的关键。对满布的超高效空气过滤器的检漏非常重要。在实际操作中，必须根据相关技术规范对每个过滤器进行扫描检漏，对发现的漏点应该及时堵塞甚至更换空气过滤器。

4)层流洁净室的重要指标之一是实现"层流"。对于超净车间的层流校验，国内外有专门的规定，应该严格按照规定进行校验。

2.3　在其他领域的应用

建筑环境与能源应用工程专业在其他领域的应用包括：在农业领域、交通运输领域、航天军事领域等。

2.3.1　农、牧业领域

在农、牧业领域的应用主要包括农作物环境的营造和畜牧养殖业环境的营造两个方面。

1. 农作物环境

在自然环境中，农作物生长发育过程经常会遇到各种气象灾害的侵袭，如大风、降温、冰雹、高温等，为避免自然灾害的影响，提高农产品产量和品质，温室技术在农业中获得了广泛的应用。

图 2-6　植物温室

温室是以采光覆盖材料作为全部或部分围护结构材料，用于作物栽培、品种改良、植物展示的半密闭微气候环境设施，可对室内空气的温度、湿度、风速、成分等影响植物生长发育的环境因素进行人工调控，因此可为植物提供适宜的生长发育环境，见图 2-6。主要包括：

(1)温度环境：温度环境包括空气温度和土壤温度。太阳辐射进入温室后，由于温室效应的作用，室内热量大量蓄积，这些热量为农作物生长创造基本的温度条件。由于温度需要调控，温室内通常还配有降温、升温设备，以保证室内温度位于作物生长发育的最适温度范围，不至于过高或过低。

(2)湿度环境：湿度环境是指空气湿度和土壤湿度。一般采用通风换气、设置除湿加湿设备调节温室内空气湿度；此外，节水灌溉、地膜覆盖是调节土壤湿度的有效途径。

(3)气体环境：气体环境包括氨气、亚硝酸气、一氧化碳和二氧化硫、乙烯和氯气等有害气体。为保证作物正常生长，目前通常采用通风换气和二氧化碳施肥技术控制温室气体成分。

另外，农作物的生长需要阳光，只有通过光合作用，农作物才能健康生长。因此，在营造上述的温度环境、湿度环境和气体环境时，必须考虑在白天有充足的阳光进入温室。也可以采用人工光源，但人工光源的成本过高，一般的规模化应用受到极大局限，只有在农业领域的科研工作中采用。

现代农业研究中的无土栽培技术，它所需要的环境还包括用于无土栽培的水环境参数的控制。

对于植物观赏来说，在冬季或其他不适宜植物露天生长的季节栽培植物同样需要温室。温室空调系统的主要任务就是为展示的植物提供必需的生存、生长环境的同时，也为观赏者提供较为舒适的环境。

2. 畜牧养殖环境

对于畜牧养殖业来说，在进行经济动物圈舍设计时，必须根据动物自身的生活习性，为其创造适宜的生长环境(温度、湿度和风速)、空气品质和空气成分，以保证动物健康地生长发育。与农作物环境类似，畜牧养殖的环境也包括温度环境、湿度环境、气体环境等。对于水产养殖而言，还包括水温的控制。

动物，包括鱼类，与人体一样，也会染病并且传染。防止传染，现有的措施多数是采用药物，如给动物大量使用抗生素。人体在食用含有大量抗生素的肉类后，会产生严重的不良影响。空气是传播传染病的主要载体，在畜牧养殖业领域建立健康的空气环境，是防止动物发病和传染的有效措施。我国已经建立了大量的规模化畜牧养殖场，在这些畜牧养殖场内，对动物圈舍采用净化空调的方式，确保动物的健康生长。

2.3.2　交通运输领域

随着经济和社会的发展，交通运输工具的环境与人的关系越来越密切。交通运输工具，包括各类汽车、火车、飞机、轮船等，同样需要为乘客提供较为舒适的环境或保障其设备的正常运行。

图 2-7　某飞机机舱布置图

飞机环境控制系统的首要任务就是为机组成员和乘客提供一个安全舒适的人体活动环境。在飞机机舱环境内，由于人体在高空密闭增压舱内进行正常的生命活动，其呼吸频率、耗氧量、二氧化碳排出量等呼吸代谢都将发生变化，机舱内空气环境的诸多参数，如空气流动速度、温度、湿度、压力以及各种空气组分的含量等除保证人体的舒适性要求外，还必须满足人体生理的要求。图 2-7 为某飞机机舱环境布置图。

船体内部环境，作用一种特殊的环境系统，其环境控制是建筑环境与能源应用工程专业所涉及的一个专门领域。包括船体客舱、控制舱和机房。以柴油机为主动力的船舶是民用运输船舶的主要形式。船舶机舱是船舶的动力、电力中心，它包括众多的机械、电气、控制设备。由于设备大量散热以及排烟管的少量泄漏、特殊部位的油气蒸发，要求船舶机舱设置机械通风系统。机舱通风的主要目的就是根据舱内设备的工况确定送风量，并根据设备的布置确定各个风口的大小、形式及位置；向舱内送入足够数量的新鲜空气以保证柴油机、锅炉等耗气设备的正常工作，并带走舱内多余热量；建立并维持机舱内适宜的环境条件，使舱内气流组织合理，舱内温度分布较均匀，同时改善轮机人员的工作条件。近年来，随着轮机自动化程度的不断提高，机舱内各种用于监测、控制的精密仪表以及电子设备越来越多，这对机舱环境的温度、湿度等的要求更加严格。图 2-8 为某船舶机舱布置图。

图 2-8　某船舶机舱布置图

高铁列车车厢环境控制要求越来越高，对铁路车厢的环境控制提出了新的要求。保证车厢环境满足乘客和乘员的要求，以及满足车载仪器设备的环境要求，是本专业近年来所面临的新的热门领域。

对于食品物流过程来说，食品的贮藏和运输需要保证食品品质新鲜、防止营养物质流失。食品的贮运环境涉及的主要控制参数为温度、湿度和空气成分；为保证食品安全，特殊场合还需控制加工和贮运环境的空气洁净度。在物流过程中，还需考虑气压和日射对食品的影响。特别是针对一些新鲜的蔬菜水果等食品，在运输过程中，采用控制空气环境中的部分化学成分，延缓或促进蔬菜水果的成熟，追求以最佳成熟度到达运输的目的地。

2.3.3　国防及航天领域

人防工程是一种有防护要求的特殊地下建筑，其常用的方式有以下几种：按抗力等级划分，工程可直接称为某级人防工程；按战时用途划分，可分为指挥通信、人员掩蔽、医院、救护站、仓库、车库等；按平时用途可分为商场、游乐场、游泳馆、影剧院(会堂)等。无论是战时还是平时，空气环境状况是对这种特殊地下建筑的安全保障。空气环境的营造包括：适宜的空气温度、相对湿度、新风量，以及必要的气流组织和气流阻断。特别是在战时，通过合理的气流组织和气流阻断(即安装防爆门)，防止地面生化气体、受核污染的气体以及爆炸所引起的高温气流进入人防地下建筑。我国的地铁隧道同时具备平时运输和战时人防的功能，对地铁环境控制系统建设和运行也有上述同样的要求。

在军事领域中，某些军事装备环境，如潜艇、军舰、战机、坦克、装甲车、装甲运兵车，以及战时使用的地下防护工程等，营造满足士兵和军官生存的环境是保障作战人员战斗力的前提。在某些密闭空间，设备大量散热，再加上气体、颗粒和粉尘都弥漫在这个有限的空间内，无法通过通风换气和生态再生系统维持内部的空气环境和空气成分，必须设置合理的人工环境系统，为内部人员的生存、机器设备的正常运行提供所需的空气环境。此外，各种导弹装备的实验与发射平台环境也需要维持一定的空气环境。

在航天领域中，飞船、空间站等同样需要提供更为严格的人工环境系统。神舟六号飞

图 2-9　神舟六号飞船

船，见图 2-9，设置有环境控制生态保护系统，为航天员创造一个舒适的环境和便利的生活保障。环控生保系统共有 9 个子系统：供气调压、通风净化、温湿度、水管理、废物收集系统、航天服循环、烟火检测和灭火、食品管理、控制。通过温湿度控制系统，神舟六号返回舱温度控制在 17～25℃之间，相对湿度控制在 30％～70％之间。即便是在飞船返回时，飞船外表因与大气的激烈摩擦而达到数千摄氏度，返回舱内仍保持在 25℃左右。除了有良好的隔热，舱内温度主要依靠专用空调进行控制。空调的工作是根据航天员的活动量、飞船受太阳照射程度的变化进行自动调整。相比于温度的控制，湿度的控制要困难得多。在太空中每名航天员每天通过呼吸、排汗等正常代谢，大约产生 1.8kg 左右的水汽。在失重环境下，这些水汽悬浮在空气中，如果不尽快回收，不仅使航天员难以忍受，危及生命，而且可能使电气设备受潮引起短路。神舟六号飞船利用水的毛细管原理，采用了一种吸附孔隔膜，通过施加一定的压力让空气通过，而水则被吸附下来。将这种隔膜应用于空气循环系统之中，可以将空气中的水汽有效过滤，使飞船内的湿度保持在相对稳定的水平。

2.3.4　矿产领域

矿井通风是矿井巷道和开采作业面安全生产的必要条件，特别是高温高湿的深部巷道和开采作业面，没有矿井通风和局部冷却通风，是不可能实现安全生产的。我国各类矿井，开采的深度越来越深。一般情况下，每增加 100m 深度，地温增加 2.5～3.0℃。一个 1000m 深的矿井，壁面温度可到达 40℃，且由于地下水的存在，矿井巷道及作业面的空气相对湿度接近 100％。在这样的环境条件下，必须通过通风的方式，给地下巷道和作业面提供供人体呼吸的新鲜空气，同时对矿井环境降温。由于矿井围岩的热惰性大、蓄热量大，大风量的通风也难以满足矿井环境降温要求，因此需要在作业面采取局部冷却的方式进行局部降温。

2.3.5　其他

建筑环境与能源应用工程专业在国民经济和社会发展中的应用涵盖了能源的生产、输配和使用。本章上述介绍的在各领域的应用情况，是以营造环境为主要目标。而营造环境的过程，是消耗能源的过程。因此，本专业的应用还包括能源生产和输配。

本专业所涉及的能源生产，主要指可再生能源在建筑中的应用。虽然它不同于常规能源的生产(开采和提炼)，但也是能源生产的一种。且由于所生产的可再生能源直接在建筑中应用，具有能源应用效率高、碳排放量少等特点，被国内外普遍采用，也是未来建筑节能技术的发展方向。

本专业所涉及的能源输配，包含了建筑所使用的能源以及非建筑使用的能源。建筑所使用的能源，包括通过常规能源转化而来的高中低温热水、蒸汽；冷冻水(某种意义上也是一种能源)。对于非建筑使用的能源输配，包括携带能量和能源本身的各种流体输配。在日常实践中，本专业所能够从事的流体输配工作包括在食品加工、制药、印染、石油等领域的流体输配。

案例六

上海某植物园大型展览温室，总建筑面积为 4900m^2，建筑最高点为 29.4m。整个建筑为单层空旷房屋结构，屋面和幕墙均采用单层网架，为了满足光照的要求，温室屋面、侧墙均采用单层透明玻璃幕墙，玻璃幕墙总面积为 8816m^2。展览温室由热带雨林区、四季花园、果吧、贵宾室、辅助用房组成。热带雨林区与四季花园展区分开布置，但内部空间不加分隔。热带雨林区建筑面积为 2150m^2，主要种植中国原产、具有较高观赏价值的热带和亚热带植物。四季花园建筑面积为 1880m^2，植物以花期各异的热带观赏花木为主。能源中心设置于展览温室外，由变配电站、冷冻机房、锅炉房和水泵房组成。综合植物生长要求、节能、技术容易实现等各方面的因素后，各区设计温湿度等参数列于表 2-2。

主要设计参数表 **表 2-2**

房间名称	夏季		冬季	
	干球温度(℃)	相对湿度(%)	干球温度(℃)	相对湿度(%)
热带雨林区	≤35	≥75	≥15	≥65
四季花园	≤32	≥50	≥15	≥50
果吧、贵宾室	26	≤65	18	≥35

案例六有以下几个关注点：

1)植物的生长环境不同于人体所需要的环境，在植物园大型展览温室，应该以植物生长环境的要求来营造环境。

2)有些植物对气体的敏感性很强，因此在营造空气的温度环境时，应该特别注意加热方式。对燃气直接燃烧的空气加热方式要慎重使用。

3)植物的生长需要阳光，因此，在该类建筑中，白天充分吸收阳光，由此造成的热负荷波动较大。在设计建造时，应该充分注意这一特殊要求。通过必要的调节，在满足植物生长需求的同时，减少能耗。

思 考 题

1. 我国的公共建筑指哪一类建筑？在公共建筑中营造室内环境的主要目的是什么？
2. 工业建筑(车间)与公共建筑在营造室内环境的要求方面，有什么本质的区别？
3. 建筑环境与能源应用工程在提高人民生活水平方面有哪些重要作用？
4. 除了本章所介绍的建筑环境与能源应用工程专业所涉及的应用领域，还有哪些领域是本专业可以发挥作用的？

参 考 文 献

[1] 民用建筑供暖通风与空气调节设计规范 GB 50736—2012.
[2] 李先庭，石文星. 人工环境学. 北京：中国建筑工业出版社，2006.

［3］ 黄翔．空调工程．北京：机械工业出版社，2006.
［4］ 曲云霞，张林华．建筑环境与设备工程专业概论．北京：中国建筑工业出版社，2010.
［5］ 张国强，李志生．建筑环境与设备工程专业导论．重庆：重庆大学出版社，2007.
［6］ 刘星．药厂生物洁净室的空调系统设计与研究．工学硕士学位论文．吉林大学，2006.
［7］ 唱婷婷．旅客机机舱内空气环境的研究．工学硕士学位论文．哈尔滨工业大学，2011.
［8］ 周山．柴油机船舶机舱热环境数值模拟．工学硕士学位论文．大连海事大学，2010.
［9］ 阮明蕊．恒温恒湿空调系统的数值模拟与节能分析．工学硕士学位论文．哈尔滨工业大学，2007.
［10］ 筑能网 http：//www. topenergy. org/
［11］ 国际标准 ISO 14644-1.

第3章　建筑环境的基本科学概念

建筑环境与能源应用工程专业的任务就是要为人类创造健康、舒适、高效的用于生活、工作活动和生产工艺要求的建筑环境，同时实现最高效率地利用资源、最低限度地影响地球环境的目的。那么为此首先需要搞清楚的是人类到底需要什么样的建筑环境。

在建筑领域，“建筑环境”这个术语在不同的专业有着不同的含义。对于室内装饰设计专业来说，“建筑环境”主要意味着美学环境，其度量靠的是人的主观感受。对于建筑设计专业来说，“建筑环境”涉及建筑的空间设计，除了其相关的美学环境以外，可以用空间尺度来进行客观度量。而对于我们建筑环境与能源应用工程专业来说，“建筑环境”指的是在建筑围合、半围合空间中的热湿环境、空气品质、声环境、光环境。这些环境的优劣是可以用物理参数、化学参数和微生物参数等客观参数作为评价指标来进行定量描述的。实际上很多非建筑的围合环境，如交通工具（飞机、汽车、轮船、航天器、潜艇等）的内部环境也有相同的问题，不同的只是它们的外部环境具有各自的特点，也就是对室内环境的影响因素有所不同而已。所以这些全都是我们这个专业研究的对象，更准确地说，我们要研究的不只是建筑环境，而是所有围合空间的 Built Environment——人工环境。

3.1　本专业需要涉及的基本科学概念

在这些环境参数中，影响人们的生活品质最直接的首先是热湿环境，因为具有适宜的热湿环境是人类生存的必要条件。所以从将近一个世纪前，人们就开始研究人体热舒适理论，即研究人体对各种不同的热环境的反应是什么样的，在什么条件下人们才会感到舒适，逐渐形成了人体热舒适理论。

我们在研究建筑室内热湿环境的时候，还必须关注室外气候。因为室外气候是影响室内热湿环境的最重要的因素之一。针对不同的室外气候，为建筑采取的应对策略也是不同的。第一章中就介绍了人类在不同的地域气候条件下为了创造宜居的室内环境采取了不同的建筑气候策略，因而导致地球上不同地域的建筑特征千差万别。因此，我们需要对不同地域的室外气候特征，以及这些气候特征是怎么样影响建筑环境的有比较清晰的了解。为了描述一些地域气候的共性，人们提出了气候分区的概念，把具有类似气候特征的地域划分为同一个气候分区。一般来说，同一个气候分区中的建筑具有类似的热工性能，在建筑设计上具有类似的气候应对策略。因此，我们还需要掌握一些气候分区的规定和划分的方法。

为了控制建筑的热湿环境，其实建筑环境工程师们面对的处理对象主要是周围的空气。但这些空气从严格科学定义的角度上来说，应该称做“湿空气”，因为空气中不仅含有氧气、氮气等主要的气体成分，而且还含有水蒸气。水蒸气的含量有时低有时高，所以才会使得人们觉得有时干燥有时潮湿。所以我们不仅需要调节空气的温度，而且还需要调节空气的湿度，即有时需要除湿，有时需要加湿。但是空气的温度和湿度在变化时往往会互相牵制，使得人们并不容易达到目的。怎么样才能把空气的温度和湿度都处理到居住者需要的水平呢？所以我们还需要掌握湿空气的物理性质，才能够找到适合的方法来达到调控空气温度和湿度的目的。

人们盖房子是为了创造一个空间，在这个空间中人们可以营造自己需要的与室外不同的环境。但房子的墙、门窗、屋面、地板都不是绝热的。房子的墙、门窗、屋面、地板被统称为“围护结构”。热量会通过围护结构从室内传到室外，或者从室外传到室内，所以才使得人们需要给房间供暖，或者开空调给房间降温。需要给房间供暖需要的热量叫做热负荷，需要给房间降温需要的冷量叫做冷负荷。到底应该给室内供多少热，或者供多少冷，是需要经过计算的，否则就无法知道应该为建筑设置多大的供热供冷设备才能满足要求。所以建筑环境工程师还需要对围护结构的传热性质了如指掌，才能准确地算出通过围护结构会传递多少热量，同时还能够帮助建筑师选择适合的围护结构材料，以避免建筑的冷热负荷太大而不节能。

室内空气品质是有关人体健康的最重要的建筑环境要素，是近三十年来人们关注的对象，而且越来越受到重视，而之前并不是人们关心的重要问题。室内空气品质下降主要是因为新型合成材料和散发有害气体的电器产品在现代建筑中大量应用；为了节能，增强建筑密闭性导致进入室内的新鲜清洁的空气（工程上称为新风）量不足；室外空气污染致使我们丧失改善室内空气品质的基本条件。

建筑环境中还有声环境和光环境，也是需要关注的问题。我们需要避免室内环境控制系统在室内产生不愉快的噪声，还可以采用一些主动的方法来对抗一些无法消除的噪声，或者创造令人愉悦的声环境。照明灯具往往需要消耗大量的能源，同时又会在夏季给空调系统带来更大的负荷，导致建筑能耗的双重增加。这些都是需要解决的问题。

同样关注建筑热、声、光环境的另一个专业方向是建筑物理。目前已经改称为“建筑技术”，它是一级学科建筑学中的一项重要内容，它与建筑环境与能源应用专业具有类似的学科基础，但前者关注的是建筑物本体的性能，即被动式的环境调控方法，而后者则会更多地运用主动的手段如采用空调、通风和采暖设备系统等去调控环境。

绿色建筑是近十几年来大家越来越关注的话题，到底什么是绿色建筑？又与我们这个专业有什么关系？与我们哪些专业基础和专业技术有关？本章也会就这个问题给予简介。

3.2　人需要的建筑热湿环境

人类是一种高度复杂的恒温动物。人体的生理机能要求体温必须维持近似恒定才能保证人体的各项生理功能正常，所以人体的生理反应总是尽量维持人体重要器官的温度相对稳定。因此，自从人类在世界上出现以来，寻求和创造适合生存的热环境一直是人类的一个重要任务，也是保证人类能够在地球上繁衍下去的一项重要任务。

在人类还没有掌握用火和有效地保存火种之前，其生存范围主要局限在热带雨林和热带草原的交接地带。热带雨林主要分布于赤道南北纬 5～10°以内的热带气候地区。其气候特点是全年高温多雨，无明显的季节区别，年平均温度在 24℃以上，最冷月平均温度在 18℃ 以上，极端最高温度多数在 36℃ 以下。年降水量通常超过 2000mm，全年雨量分配均匀，常年湿润。

人类在漫长的进化过程中，形成了适应气候变化的生理机能。人体为了维持正常的体温，必须使产热和散热保持平衡。在炎热的环境中，人体会通过提高皮肤温度和促进出汗带走热量；而在寒冷的条件下，人体会收缩皮下毛细血管来减少体表层的血流量，或者通过打冷颤来增加代谢率以保持体温。由于人类的祖先生活在热带雨林，因而人体对偏热环境的适应能力明显胜于偏冷环境。即使是闷热潮湿的气候，如极端最高温度在 36℃ 以上的热带雨林气候，也最多使人感觉不适，一般不会造成生命危险。因为在这种条件下，人体可以通过出汗蒸发散热来维持体温处于正常范围。但如果将人裸身置于寒冷环境中，例如气温接近 0℃的环境，就很可能由于过于寒冷而濒临死亡，至少一些人体器官的生理功能会严重受损。在寒冷环境下，人体很难仅仅借助身体的热调节能力来维持正常的生存，而打冷颤、血管收缩等调节方法仅能在小范围内产生作用，因此，必须借助服装、建筑或者生火等方法来维持体温不至于过低，以保护人体正常功能不会受损。

考古学家发现，人类活动的发展是从低纬度地区向高纬度地区扩展的。越是高纬度地区，人类活动遗址的时间就越晚。在热带雨林，人类不需要建筑或者衣物就可以生存。当人类的活动逐渐向两极移动时，衣物是人类抵御寒冷环境的第一道屏障。伴随着人类活动向两极的移动，人类逐渐采用兽皮、树叶来覆盖身体，逐渐发展出各类织物，形成今日的服装。但在温带、寒带气候区，尤其是在寒冷的冬天，衣物并不足以为人类提供可靠的保障，只有作为掩蔽所的建筑物才有可能为人类提供适合生存和生活的热环境。因此可以说，建筑是人类适应相对寒冷气候的产物。人类从低纬度的热带雨林地区向寒带高纬度地区逐渐迁徙的过程，利用建筑来适应不同气候，是人类适应与抗衡自然环境的最初体现。

建筑是人类与大自然（特别是恶劣的气候条件）不断抗争的产物。在功能上，建筑是人类作为生物体适应气候而生存的生理需要；在形式上，是人类启蒙文化的反映。因此，世界上比较古老的文明，如古埃及、古巴比伦、古印度和古代中国，都位于南北纬 20°～40°之间，即所谓中低纬度文明带。从人类历史发展过程可见，人类的文明发展是与人类孜孜不倦地谋求适宜生存的热环境密切相关的。

在引入现代工业技术之前，人们已经懂得如何获得热量来保持居室温暖，因为通过燃烧燃料就可以达到目的。但为居室降温的手段却是非常有限的，如果没有机会获得天然冰的话，人们最多只能把室温降到室外温度的水平。然而在大部分情况下，取暖涉及人类生存的问题，而降温更多的是涉及人类舒适与健康的问题，受到关注的程度也有所不同。人们首先要解决保证生存的问题，当经济发展到一定程度了，又会关注舒适的问题，再进一步就是关注健康的问题了。

20 世纪空调技术的发展，很大程度上提高了人们的生活品质。随着空调在生产、办公、居住环境中的普遍应用，设计人员急需了解室内环境参数应该控制在怎样的范围内，才能使得居住者感到满意，所以就出现了热舒适标准应该怎么制定的问题。

“人体热舒适”主要研究人对周围环境是“冷”还是“热”的感觉，以及对热环境的满意与否，即热舒适。因为人体热感觉和热舒适是不能用任何直接的方法来测量，只能通过邀请受试者在特定环境里回答关于冷热刺激与自己感受的关系问卷才能获得。但是，由于受遗传和生长环境的交互影响，人的个体之间在生理和心理方面存在着显著的个体差异。人们经常可以看到在同一个季节或者在同一个环境中，有人穿得短衣短裤不觉得冷，有人穿毛衣外套也不觉得热。甚至同一个人在不同时间处于同样的热环境下也可能产生不同的感觉，其影响因素非常复杂。这种复杂性是由人体的生理和心理交叉影响的特点决定的，这就使得对人的热舒适感的研究变成一个很复杂的课题，不像一般的物理实验或者化学实验那样有很强的结果重复性和明确的结论，而是需要大量的统计数据，还要对实验数据进行很多处理才能得到比较确定性的结论。

对热舒适标准的探讨早在20世纪初就开始了。最早人们通常把注意力放到温度上，以为只有温度影响人的冷热感觉。之后才逐渐认识到热辐射、风速和湿度对人体的舒适性也有影响。因此，人们就开始把这些参数组合在一起，通过实验室的受试者人体实验，来确定这些参数在人体热感觉方面的影响程度。例如，把干球温度和辐射组合在一起的“合成温度”，把干球温度、空气流速和湿度综合在一起的“有效温度”等等。当然，这些热环境的物理参数必须与人体本身的代谢率和衣着的热阻水平结合在一起共同对人体的热感觉发生作用。迄今为止，现有的研究成果揭示了影响人体热舒适主要有六个要素，即空气温度、湿度、风速、辐射（在室内就主要是远红外辐射）、着装量和活动量。除了大家都知道的温度越高会越热以外，潮湿会导致偏热的环境感觉更闷热，而在偏冷的环境感觉更冷。此外风速越高人会感到越冷，热辐射越强人就感到越热。人本身的状态也是重要的因素，比如着装厚重或者活动量大，人就会感到热。

由于人的个体差异很大，同一个人也有可能由于身体或者精神的条件变化而感觉有所变化，但这些差异都是正态分布的，或者说特殊的人总是少数群体。所以需要通过大量对不同受试者的测试，得出绝大多数人的平均热感觉来作为人体对一个环境参数组合的冷热评价的结论。

由于人体的热感觉和热舒适的程度受多个独立参数影响，人们又希望了解每一个独立参数的影响程度，例如湿度的影响有多大？辐射的影响有多大？因而人们不得不在实验中把一个个独立参数对结果的影响隔离开来进行研究，即只允许在不同的实验工况中改变一个参数的设置，其他参数均控制不变，这样就可以通过每个实验工况的结果知道这些单个的参数对于人体热舒适来说有多大作用了。在实验中，所有参数都必须是稳定不变的，即所谓的稳态工况。由于受试者存在非常大的个体差异，而研究成果却要求是确定的和定量的，所以只能采用统计学意义上的概念如平均值、接受百分比、满意率等来描述人群的整体感觉，或者大部分人的感觉。因此，目前国际上正式发表的环境参数对人体热舒适影响的研究成果绝大部分都是稳态工况下的实验研究成果，而且被公认为经典并被纳入标准的也都是稳态热环境下人体热舒适的研究成果。目前空调采暖设计都是依据这些标准来做的。不过实际上人们所处的实际环境很少有参数稳定不变，绝大部分都是处在变动的过程。在变动的动态热环境中人体的热舒适情况是怎么样的，还处于研究的起步阶段。由于动态热环境比稳态热环境的影响因素更复杂，因此研究的难度要大得多。

使用空调所引发的一些人体健康与舒适问题也引起了研究者的关注。长期在空调环境下生活，会削弱人体对偏热环境的耐受能力，增加机体生理调节系统的负担，从而使人体出现各种不适的生理性反应和感觉，是引发病态建筑综合征的重要原因。中国疾病预防控制中心曾于2000年、2001年在我国江苏和上海对使用空调的人群和不使用空调的人群进行了流行病学调查，发现包括神经和精神类不适感、消化系统类不适感、呼吸系统类不适感、皮肤黏膜类不适感在内的12类人体常见不适感，空调人群的发生率均高于非空调人群，且特别明显地表现在暑期“伤风/咳嗽/流鼻涕”的发病率上；使用空调的人群对热的耐受力比不使用空调的人群要差；缺乏热适应经历的人群在注意力、反应速度、视觉记忆和抽象思维方面均表现较差。很多已经公开发表的研究成果也表明，空调环境过低的室内温度和较大的室内外温差是引起病态建筑综合征的主要因素。这些研究成果还指出病态建筑综合征或者“空调病”与长期使用空调导致的人体热适应能力、热应激能力衰退有关。怎么样避免这些问题，也是这个专业需要研究的问题。

所以我们这个专业要面对这些问题，要认识这些问题，还要解决这些问题。除了现有已经成熟的热舒适标准以外，由于有很多具有新功能的建筑出现，其中的室内环境标准怎么制定还需要进一步探讨。目前我国很多热环境设计标准都是参照国外成果制定的，但他们采用的受试者基本都是欧美人种，因此对中国人是否适用也是存疑的，因为很多研究已经证明了人种和气候适应性会导致差别很大的热舒适需求。所以我们一方面要学会用好现行的热舒适标准，另一方面还要进一步开展深入的研究，发展和完善我国的热舒适标准体系，不仅对设计有帮助，而且对空调采暖设备的开发、生产、运行控制也有关键的作用。另外，由于室内热环境标准对建筑的暖通空调能耗影响很大，因此热舒适的问题不仅影响室内环境品质，而且还会影响建筑能耗。

3.3 关于室内空气品质

室内空气品质（Indoor Air Quality，IAQ）是指空气的成分以及各成分的浓度是否满足室内人员的舒适与健康的要求，空气的成分及其浓度决定着空气的品质。现代社会中人们约有80％的时间在室内度过，所以室内空气品质是至关重要的。清新的室外空气是维持室内空气品质的基本条件，因此室外空气品质也是同等重要的。

室内空气品质既取决于室内产生的污染物的多少，也受室外空气品质的影响。当室内产生污染物的时候，人们第一个反应就是打开门窗通风换气，稀释污染物并排到室外。即便是不打开门窗换气，建筑必须有室外空气进入室内的通道和室内空气排出的通道。绝大部分的门窗也不会是密不透风的，必然有室外空气从一些门窗缝隙渗入，同时有等量的室内空气从另一些门窗缝隙渗出。为了保证室内人员的卫生要求，必须向建筑内部输入一定量的室外新鲜清洁的空气（工程上称为新风）。如果自然渗入的新风量不够，则需要采用机械系统往室内送足量的新风。如果室外空气的品质也不够好，就必然影响室内的空气品质。

空气中如果存在有毒有害物质，可能会影响人体健康，并导致人生病，这样的空气品质必然是不合格的。空气中有些物质浓度很低，并不会导致人生病，但其具有令人很不愉快的异味，影响人的心境，甚至令人产生精神上的不适，所以同样也会被看做有害的污染物。有毒有害的物质包括气体污染物、可吸入颗粒物、微生物等，类型覆盖了化学污染、物理污染、生物污染和放射性污染。这些有毒有害物质在空气中的浓度是有卫生限值的，如果超过这些限值，就必须进行净化，否则人员不能在其中逗留。净化的手段包括稀释和清除。“稀释”是用清洁的空气把室内空气的污染物浓度稀释，使其降低到健康要求的限值以下。这就需要向室内输送新风，并将室内污染了的空气排到室外，即“通风”。通风是改善室内空气品质的建筑环境基本技术。尽管“通风”听起来很容易，但实际上并非只要向室内通入足够量的新风就能解决问题，如何针对污染源和保障区来组织通风气流是非常重要的。如果只强调建筑节能而未考虑保护和改善室内空气品质，就会因建筑密闭性增强而导致新风量不足。通风系统设计不合理，甚至没有设计，或者运行管理不合理，使通风效率下降，浪费新风资源，也是一个很大的问题。另外，室外空气污染也会使我们丧失改善室内空气品质的基本条件。在节能的约束条件下，改善室内空气品质是通风面临的最大挑战。“清除”是采用物理、化学或者生物的手段来去除掉空气中污染物，目前已经有很多种类的去除空气污染物的方法、技术手段和产品。我们这个专业的学生就是要了解空气污染物对人体危害的机理和室内空气品质控制的标准，并掌握各种稀释和清除室内空气中污染物的基本方法。

不过，室内空气品质领域还有很多问题没有权威的答案，或者还亟待研究者们开展深入的研究。目前大部分可以使人致病甚至影响安全的空气中有毒有害物质的浓度限值是清晰的，但有些有害物的低浓度限值就不是非常清晰。这些有害物在低浓度的条件下可能并不会使人出现病理反应，但会产生一些不愉快的气味，或者使人觉得空气有不新鲜感而导致心理上的不适。还有一些污染物在低浓度的条件下并没有任何气味，但可能通过长期暴露才会对人体的健康产生影响，而这种影响目前也并不是很清晰。因为这些污染物可能在人们的生活空间里出现的历史还很短，人们还没有足够长的时间去观察和认识它的影响，而且任何一种因素对人体健康的长期影响本来就是一个需要非常长时间观测和研究的课题。还有一些污染物在低浓度下单一品种存在对人体健康是没有任何影响的，但是如果有多种污染物同时存在，就可能会对人体产生某种综合反应而影响人体健康，或者导致嗅觉上的不适，但这些问题还远没有弄清楚。甚至怎么去定义空气到底新鲜不新鲜还没有公认的结论，因为有时空气中各种可测污染物均不超标，室内人员却依然抱怨不休，认为室内空气品质不好。所以空气中很多类型的污染物的低浓度限值应该如何确定、如何控制，目前还是有待进一步研究的问题。

室内空气品质问题是发达国家率先提出的。尽管绝大部分发达国家目前的室外空气品质都非常好，我们所知的对人体有害的污染物含量非常低，只要打开窗户充分通风换气，或者用空调通风系统引入足够量的室外新风，就能够获得非常好的室内空气品质。但是与室内空气品质相关的很多疾病和不适症状如哮喘病、呼吸系统过敏症等发病率在发达国家却很高，甚至高于绝大部分室外空气品质比较差的发展中国家，其中原因至今没有得到权威性的解释。也就是说，室内空气品质这个领域里还有很多未知问题值得人们去探讨。

对于已经明确的空气中的有害物如何进行清除？多年来科研机构与产品生产企业的研究者们已经进行了大量的探索，针对空气中各种各样的污染物提出了不同的清除方法。但除了一些经典的方法被公认有效以外，大部分新方法对污染物的清除效果都不够确切，有的还被怀疑可能会产生有害副产物以致导致新的空气污染。

室内空气品质的问题不仅涉及室内人员的健康与舒适，与热环境控制一样对建筑能耗有着非常显著的影响。为了用室外新风来稀释室内污染物，可能需要引入大量的新风，尽管室外空气的温度可能太高或者太低。加热或者冷却这些新风需要耗费大量的能量。清除空气中的污染物可能也需要耗费大量的能量，比如用高效过滤器清除空气中的可吸入颗粒物，就会由于高效过滤器的空气阻力大而需要消耗大量的风机电能。如果室外新风中含有比较多的如 PM_{10}、$PM_{2.5}$之类的污染物，但同时又需要引入室外新风来降低室内人体代谢出来的二氧化碳浓度并补充氧气，那么处理新风就要耗费更多的能量了，所以也不能盲目追求大新风量来提高室内空气品质。因此，应该把空气品质控制在什么水平，采用什么办法来控制空气品质，都是值得深入研究的问题。

综上所述，室内空气品质的研究领域与历史悠久的热、声、光环境领域的研究相比要稚嫩得多，有着很多基础性的问题需要探讨。这个研究领域又涉及很多跨学科的理论和专业知识，除了传统的物理与化学以外，还涉及了生理学、医学、生物学等领域的问题。因此需要学生掌握好扎实的理论基础，才能在今后有所建树。

3.4　生产工艺要求的建筑环境

建筑环境与能源应用工程专业除了要为人类的生活营造适宜的室内环境与室外微环境以外，还需要为人类的生产活动营造适宜的室内环境，主要是为生产工艺过程营造适合的温度、湿度、洁净度、气流等环境参数。生产工艺过程需求的室内环境参数与人员所需要的环境参数是有着很大差别的。人体对很多环境参数都有要求，可能影响舒适的环境参数很多，但对环境参数的控制精度要求不高。而生产工艺环境往往仅对一个或者两个环境参数有要求，但要求的精度却往往很高。比如恒温恒湿车间会要求对温度和湿度控制得很严，温度波动可能不超过±0.1℃，而舒适性空调环境往往温度偏移 1℃以上人们才会觉察到。而超净厂房或者超净手术室则对空气中的悬浮颗粒物的数量有严格要求，甚至达到每立方米要求的悬浮颗粒物不超过多少粒为标准，而即便是高档的总统客房对悬浮颗粒物要求也远达不到这个水平。所以针对生产工艺过程的建筑环境营造的重点与一般为人员服务的环境营造的重点是有着很大不同的。

除了洁净室和恒温恒湿车间需要特别的环境控制以外，还有一些工艺环境需要特殊控制，比如冷冻冷藏需要的环境，例如食品或者农产品的冷藏保鲜库，需要一直维持内部温度在零下十几度以下。这样对其环境控制设备系统以及冷藏保鲜库外壁的保温性能都有特殊的要求。此外，还有一些环境对气流速度有严格要求，例如乒乓球和羽毛球的比赛场馆对气流速度有严格的限制，否则就会影响比赛成绩。

一般来说，这类服务于生产工艺的环境首先要求必须保证满足工艺要求，节能是放在第二位的。但是这种工艺环境的控制往往需要消耗大量的能源，所以如何才能在保证工艺要求的前提下降低能源消耗，是我们应该重点研究的问题。

3.5　关于绿色建筑

"绿色建筑"来自于英文的 Green Building。现在广为人知的类似术语还有"生态建筑"(Eco-building)、"可持续建筑"(Sustainable Building)、"低碳建筑"(Low Carbon Building)，甚至还有"零能耗建筑"、"零碳建筑"、"净零能耗建筑"等。实际上"绿色建筑"的最准确表述是"可持续建筑"，表示这个建筑对人类社会的可持续发展没有负面影响。但由于"可持续"这个词汇对于一般公众来说太生僻，因此"绿色建筑"就成为让公众比较容易理解和接受的词汇而流行了。

20世纪60年代，美籍意大利建筑师保罗·索勒瑞（Paola Soleri）把生态学（Ecology）和建筑学（Architecture）两词合并为“Arology”，提出了“生态建筑”，亦即当今“绿色建筑”的理念。20世纪70年代，石油危机的爆发，使人们清醒地意识到，以牺牲生态环境为代价的高速文明发展史是难以为继的。耗用自然资源最多的建筑产业必须改变发展模式，走可持续发展之路。1991年布兰达·威尔和罗伯特·威尔（Brenda and Robert Vale）合著的《绿色建筑：为可持续发展而设计》问世，提出了综合考虑能源、气候、材料、住户、区域环境的整体的设计观。1992年巴西的里约热内卢“联合国环境与发展大会”的召开，使“可持续发展”这一重要思想在世界范围达成共识。绿色建筑渐成体系，并在不少国家实践推广，成为世界建筑发展的方向。1993年国际建筑师协会UIA主办的国际建筑师大会发表了《芝加哥宣言》，号召全世界建筑师把环境和社会的可持续性列入建筑师职业及其责任的核心。1999年UIA在北京国际会议中心召开的国际建筑师大会发布了《北京宪章》，明确要求将可持续发展作为建筑师和工程师在新世纪中的工作准则。

两千年前，古罗马的维特鲁威（Vitruvius）在其公元前1世纪发表的著作《建筑十书》中提出建筑三原则：坚固、适用、美观。其实这个理念已经反映了早期人们对建筑与自然环境之间如何达到可持续和谐关系的考虑，也是绿色建筑概念的朴素表达。

在20世纪50年代，我国提出了“党的建筑方针”是：适用、经济、在可能的条件下注意美观。改革开放后，我国政府又重提建筑方针是：适用、经济、美观。实际上，我国的建筑方针与维特鲁威的三原则是一脉相承的，反映了我国建筑界主流对建筑本质的一贯认识。

在20世纪国际建筑界提出绿色建筑这个概念的时候，我国也有少数学者对此给予关注，并着手开展研究和实践。1999年在北京召开并发布了《北京宪章》的国际建筑师大会对绿色建筑理念在中国的普及也起到了重要的推动作用。1999清华大学与麻省理工学院、东京大学合作，承担了国际可持续发展联盟AGS（Alliance for Global Sustainability）资助的国际合作项目，研究在中国发展可持续住宅建筑。2001年，全国工商联住宅产业商会与清华大学等高等院校合作，研究并发布了《中国生态住宅技术评估手册》，成为我国第一部完整的绿色建筑的评价体系的雏形。“绿色奥运建筑评估体系研究”课题在2002年10月立项，为科技部“科技奥运十大专项”之一，由北京市科委提供配套资金并具体负责，由清华大学牵头，汇集了中国建筑科学研究院、北京市建筑设计研究院、中国建筑材料科学研究院、北京市环境保护科学研究院、北京工业大学、全国工商联住宅产业商会、北京市可持续发展科技促进中心、北京市城建技术开发中心9家单位近40名专家共同开展工作。该课题对国际上比较成熟的绿色建筑评价体系进行了深入的调研，汲取了包括英国的BREEAM、日本的CASBEE、美国的LEED等发达国家的绿色建筑评估体系的长处，并根据我国的资源、能源、气候特点提出了一系列新的评价指标。《绿色奥运建筑评估体系》成为我国发布的第一部体系和方法都比较成熟的绿色建筑评价体系，在很多奥运建筑的绿色设计和评价中发挥了很好的引导作用。

在这部2003年8月发布的《绿色奥运建筑评估体系》中，首次对中国的“绿色建筑”的概念进行了定义：绿色建筑是指为人类提供健康、舒适的工作、居住、活动的空间，同时实现最高效率地利用资源、最低限度地影响环境的建筑物。

其后，在2006年发布的国家标准《绿色建筑评价标准》GB 50378—2006中，对前述“绿色建筑”的概念进行了进一步的具体化定义：在建筑的全寿命周期内，最大限度地节省资源（节能、节地、节水、节材），保护环境和减少污染，为人们提供健康、适用和高效的使用空间，与自然和谐共生的建筑。在国标GB50378－2006中，把节省资源具体化为“节能、节地、节水、节材”，而且把节能放在了第一位，这是针对我国的资源特点和环境压力提出的。因此，绿色建筑的定义被简称为“四节一环保”，即“节能、节地、节水、节材”，加上保证健康舒适的室内外环境。

在“绿色建筑”的定义明确之前，社会上对于“绿色建筑”存在很多误读，这些误读往往被用来作为商业炒作的噱头。例如认为绿色建筑是绿化好的建筑、高档昂贵建筑、智能建筑、恒温恒湿建筑等。从上述对绿色建筑的定义就可以看出，绿色建筑与这些概念并无联系。实际上很多真正节能、节材的建筑是出于节省投资与运行费的目的才建成的。

在绿色建筑中，节能是一个重头任务，不仅是因为我国面临能源紧缺的压力，高能耗导致环境排放的压力增大也是重要的因素。因此，建筑环境与能源应用工程专业在绿色建筑领域中需要发挥重要作用，甚至发挥主导性作用，担任能源工程师的职责。其中第一个任务是发挥设计咨询的功能。在建筑设计阶段，能源工程师对建筑师提出的建筑设计方案的节能效果给出定量的评价，分析其原因，并为建筑师提供节能的改进设计方案；在暖通空调、照明、冷热源等用能系统的设计中，要利用各种模拟分析工具进行深入分析，提出低成本、节能、运行可靠、最恰当的系统方案。这样就要求我们需要充分了解各种技术手段和产品在不同应用条件下的优缺点，做出最合适的选择。

除了绿色建筑的设计咨询以外，能源工程师还能够在绿色建筑评价标识工作中发挥重要作用。在绿色建筑评价标识工作中，建筑能耗的评价是最为复杂的，需要非常专业的知识，需要运用各种能耗模拟工具，以及使用各种现场环境参数测试与能源效率测试的仪器设备。

能源工程师的第三个任务是在绿色建筑的运行节能中发挥重要作用。节地、节材的任务往往在建筑建成之后就完成了。但节能、节水却必须在建筑的全寿命期内的运行中体现，尤其是用能系统（包括采暖、空调、通风、照明、生活热水、电梯等）。建筑本身的寿命超过50年，而其中的用能设备系统往往只有15～20年的寿命，因此在建筑的全寿命期内，用能系统不仅需要精心的维护，而且还需要经历数次更新、改造、升级。如果一个建筑的用能系统没有得到很好的运行维护，导致运行不节能，这个建筑哪怕设计得再好，也不能认为是一个绿色建筑。而用能系统的优化运行，以便在保障室内环境品质的条件下达到最节能的目的，是要比用水系统的优化运行更复杂的任务。对现有的建筑用能系统进行故障诊断、能耗审计、节能改造，是比为新建筑设计用能系统更困难更复杂的工作，需要更深入的专业知识。

综上所述，建筑环境与能源应用工程专业不仅能够在传统的暖通空调领域发挥重要作用，而且在需要跨专业合作的绿色建筑领域也能发挥关键性的作用。

思　考　题

1. 本章所介绍的人体需要的建筑内部环境、工业领域需要的环境，它们之间有什么共性和本质的区别？

2. 绿色建筑的概念首先由谁提出的？它与“生态建筑”、“可持续建筑”、“低碳建筑”等概念之间有什么内涵联系？

3. 请归纳出“建筑环境与能源应用工程”专业在绿色建筑建设中作用。

4. 从人的健康角度，室内空气品质应该包含哪些控制因素？

第4章　建筑能源需求与供应

4.1　能源的基本概念

4.1.1　能源

客观世界的构成有三大基础，即物质、能量和信息。运动是物质存在的方式，是物质的根本属性，而能量是物质运动的度量，物质运动形态不同，能量形式也不同。

可以直接获取能量或经过加工转换获取能量的自然资源称为能源。在自然界天然存在的、可以直接获得而不改变其基本形态的能源是一次能源。将一次能源经直接或间接加工改变其形态的能源产品是二次能源（见表4-1）。

一次能源和二次能源　　表4-1

一次能源	二次能源
煤炭、石油、天然气、水力、核能、太阳能、地热能、生物质能、风能、潮汐能、海洋能	电力、热力（蒸汽、热水、冷水）、城市煤气、各种石油制品、氢能、沼气

人类的一切活动，包括人类的生存，都离不开能量。人类历史上对科学的探索，在很大程度上是对新的能量形式和新的能源的探索。按目前人类的认识水平，能量有机械能、热能、辐射能、化学能、电能和核能等六种形式。

能量转换首先遵循自然界最基本的自然规律，即能量守恒定律。能量守恒定律表述为：一切物质都具有能量，能量既不能创造，也不能消灭，只能从一种形式转换成另一种形式，从一个物体传递到另一个物体。在能量转换和传递过程中其总量恒定不变。

各种能量还有“质”上的差别。例如，茫茫大海，所含热量巨大，但却不能煮熟一个鸡蛋；而一小锅沸腾的开水，甚至可以煮熟几个鸡蛋。这说明二者所含热能的质量（温度）不同。在煮鸡蛋过程中，温度高的开水失去热量；而温度低的鸡蛋得到热量，同时提高了温度。说明热量传递是单向的，只能从高温到低温。而如果试图将热量从低温物体传递到高温物体，就必须靠外界做功完成。因此，热量传递遵循的是“贬值”原理，即传递过程总是由高品质热能自发地向着热能品质下降的方向进行。要提高热能品质，必定要付出降低另一个能量品质的代价。

在现代社会里，二次能源是直接面对能源终端用户的。它有使用方便和清洁无污染的特点。但在一次能源向二次能源的转换过程中，由于转换的工作原理和使用的设备不同，其转换效率有很大的差别。

从资源的角度出发，还可以将能源分为可再生能源和不可再生能源。国际公认的可再生能源有六大类：太阳能；风能；地热能；现代生物质能；海洋能；小水电。

而不可再生能源，特别是煤、石油、天然气等化石能源，由于在地球上的蕴藏量有限，再生需要几十万年甚至上亿年，如果无节制地使用，消耗的速度远大于再生的速度，终将有枯竭的一天。

从能源生成历史来看，还可以把能源分成化石能源和非化石能源。化石能源是一种碳氢化合物或其衍生物。化石能源是指远古时期动植物的遗骸在地层下经过上万年的演变所形成的能源。如煤是由植物化石转化而来，石油和天然气是由动物体转化而来。

从环境保护的角度出发，可以把能源分为清洁能源和非清洁能源。清洁能源是对环境无污染或污染很小的能源，如太阳能、小水电等，而在化石能源中，天然气也可以归于清洁能源。非清洁能源是对环境污染较大的能源，最常用的化石能源，如煤和石油，都是非清洁能源。

4.1.2　能源效率

能源消耗是一种输入输出的过程，即投入能源（一次能源或二次能源），产出产品或者服务。因此可以用下式来评价能源消耗的效率：

$$\text{能源效率}=\frac{\text{输出(产品或服务,折算成能源单位)}}{\text{输入(消耗的能源)}}$$

例如一台房间空调器，每小时提供3.5kWh的冷量，消耗1度电（1kWh），则这台空调器的能效就是3.5。这种能源效率又可称为空调器的性能系数*COP*（Coefficient Of Performance）。能源效率越高越好，能效高，说明投入同样的能源可以提供更多的产出，或者说满足同样的需求能源消耗比较少。

能源效率（Energy Efficiency，简称“能效”）有三重含义：

第一，是指“能源有效利用（Efficient Energy Use）”，即用尽量少的能源提供尽量多的产品或服务。

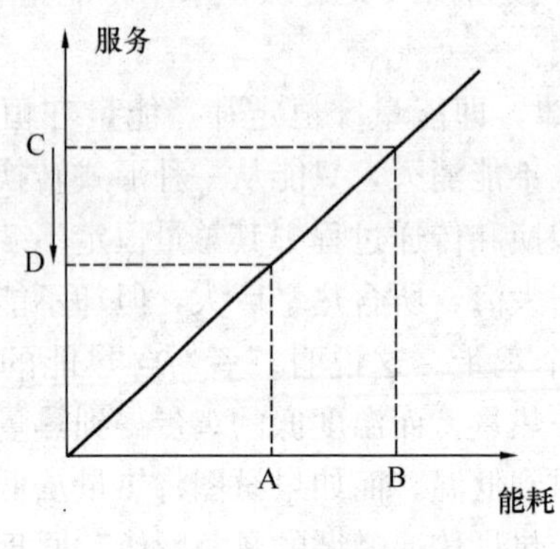

图4-1　服务曲线

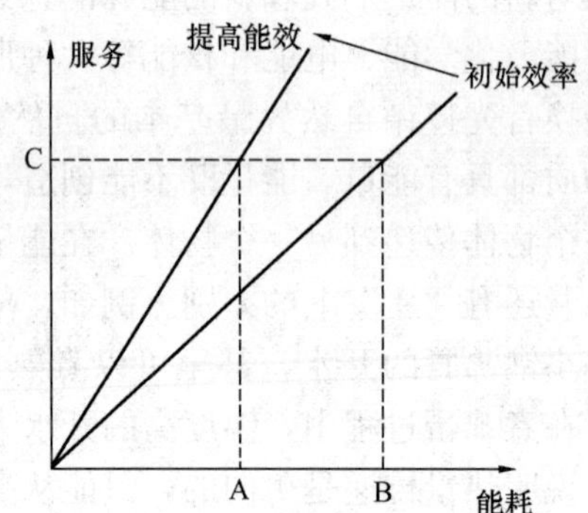

图4-2　提高能效（能源的有效利用）

图4-1用能耗与服务的函数关系很形象地说明了能源有效利用的概念，图中横坐标表示能耗，纵坐标表示服务，中间的斜线叫做服务曲线。显然，提供的服务越多，能耗就越大。要达到C的服务水平，能耗就要达到B。如果对能耗有所限制，例如能耗只能到A，那么服务就只能到D，即要节能，就要降低服务质量。但我们注意到，服务曲线的斜率是能源利用的效率。能源利用效率越高，斜率就越大，服务曲线就越倾斜。在图4-2中，由于提高了能效，提供C的服务只要消耗A的能源。比如，一个建筑供暖系统，当它的供暖面积增加时，提高锅炉等供热设备的效率，可以以同样的能耗满足更高的需求。

第二，是指“能源转换效率（Energy Conversion Efficiency）”，即能源经过加工、转换后，产出的各种能源产品的数量与投入加工转换的各种能源数量的比率。因为在能源转换过程中有损失，所以能源转换效率一般总是小于 1。例如，2012 年我国火电供电煤耗 326gce/kWh，折合供电效率（即一次能源煤转换为二次能源电力的能源转换效率）为 37.7%，即供电过程中的能源损失达 62.3%，其中电力输送损失（称为线损）大约 8%，电厂自用电大约 3%，发电损失占到总损失的 50%以上。通常每个火力发电厂都会有巨大的冷却塔和高耸的烟囱，它们将发电过程中排出的热量排放到大气中，将宝贵的热能当做废物白白扔掉，而且还造成大气污染和热岛效应，非常可惜。而热电联产系统通过回收发电过程中的排热，为生产工艺过程供热或为建筑物供暖，使得综合能源转换效率得到大幅度提升，可以达到 80%左右。

第三，是指“能源节约（Energy conservation）”，即用减少服务的方法来节约能源。在图 4-1 中，由于能源供应有限（只能供应 A），用能源节约的办法必须把服务水平从 C 降低到 D。例如，可以用降低室内温度的办法降低供暖系统的能耗。但是，降低服务水平要有底线，就是不能恶化室内环境的品质。冬季室温如果低到 12℃以下，对大多数人都可能引起健康问题。所以更好的解决办法是“改善”服务，例如，给建筑物加强保温能在保证室内温度的前提下更有效地降低能耗、节约能源。当然，加强保温、强化节能，也需要有投入/产出的经济效益的概念。建筑物保温并不是越厚越好，当保温层厚度增加到一定程度时，继续增加厚度其保温能力的提高有限，这时如果再一味增加保温层厚度在经济上就变得很不合理。

建筑环境与能源应用工程专业比较重视建筑运行阶段的能耗，而容易忽略全生命周期的能耗。所谓“生命周期”，指的是建筑“从摇篮到坟墓”的全过程，即从规划建设一直到最后拆除处理。以太阳能光伏板为例，太阳能光伏板在制造过程中要经历提炼硅材料、提纯多晶硅、铸锭切片、制造电池片和组装电池等多道工序。由于我国光伏产品的生产工艺与世界先进水平相比有较大差距，所以在这些工艺环节中能耗很大。尽管太阳能光伏产品在应用过程中能够利用可再生能源，但其制造过程中消耗的能源等于“预支”了应用中生产的太阳能。据测算，以水平面年太阳总辐射量为 1856kWh/（m^2・a）计算，我国主流工艺生产的太阳能光伏的能量回收期约为 8 年，就是说，在光伏电池 20 年的寿命中，有三分之一多的时间是在“偿还欠债”。

建筑环境与能源应用工程专业的节能，主要是终端节能，也就是节约二次能源，却容易忽略从一次到二次的能源转换过程的能效。节能的最终目的，是保护自然资源。因此，一次能源的使用是否合理应是节能的重点。有的时候，二次能源利用效率高的节能措施，会由于一次能源转换率过低而使其节能效果大打折扣。评价一项技术是否节能，也不能把一次、二次能源割裂开来。例如，有不少用电力直接加热电取暖器，其热效率可达 90%以上，单从用电的角度看，可以认为是高能效产品。但如果加上发电转换效率、计算一次能源效率，就只有 0.9×0.377＝0.34，即 34%的效率，远不及燃气锅炉集中供暖系统（一般能有 70%的系统效率）。因此，在我国大多数城市，除非在医院和无法设集中供暖的平房住宅区，是不适宜采用电直接加热供暖的。但在完全靠所谓“一次电力（如水电、核电）”供电的场合则可以采用，因为此时电力加热的效率就是一次能源效率。

在工程中评价和应用能源，应根据能源应用的具体目的评价能效，从而确定各种能源的适用性。

能效的观点，是热力学第一定律的观点。热力学是本专业一门重要的专业基础课程。热力学第一定律反映了能量转换在“量”上的平衡。除此之外，各种能量还有“质”上的差别。反映能量的质量的自然规律就是热力学第二定律。

在热力学第二定律中，将在环境条件下任一形式的能量能够转变为有用功的那部分称为能量的㶲，在一定的能量中㶲占的比例越大，其能质（品位）越高。在理论上，电能和机械能的能量完全可变为有用功。因此，电能和机械能的能质最高，是高级能量，或所谓“高品位能量”。按照热力学第二定律，在热能应用中应遵循这样两个原则：1）不应将高能级的热能用到低能级的用途，例如，用来源于火力发电的电力直接加热为建筑供暖；2）尽量实现热能的梯级利用，减小应用的级差，例如高温热能应先用来推动热机或发电，将余热用来供暖或加热热水，做到物尽其用，温度的对位应用。

4.1.3 能源消耗对地球环境的破坏

能源消耗对地球环境的破坏，可以分为两个层面：

第一是传统意义上的“公害”问题，即大气污染、水污染和固体废弃物污染。在一次能源燃烧利用过程中，产生大量的CO、SO_2、NOx、烟尘、灰渣和芳烃化合物，对环境造成严重的污染。工业革命最早的英国就饱受能源消耗所带来的大气污染之苦。由于当时大批工厂集中在伦敦，而居民又以燃煤取暖，致使伦敦上空终日烟雾弥漫。老舍先生曾经把伦敦雾描绘为：“乌黑的、浑黄的、绛紫的，以致辛辣的、呛人的”。1952 年 12 月 4 日，伦敦风力微弱、湿度高，使污染物难以扩散。呛人的浓厚烟雾弥漫全城达 5 天之久，几天内死亡人数比平时增加了 4000 人，这就是著名的“伦敦大雾”事件。

近年来严重影响我国大多数城市的 $PM_{2.5}$，是指环境空气中当量直径小于等于 2.5 μm 的颗粒物，还不到人的头发丝粗细的 1/10，也称细颗粒物。$PM_{2.5}$主要来自化石能源的燃烧（如汽车尾气、燃煤）、挥发性有机物等。$PM_{2.5}$的化学成分很复杂，包括无机成分、有机成分、微量金属元素、元素碳、生物物质（细菌、病菌、霉菌等）等。在大气各种污染物中，$PM_{2.5}$对人体危害最大，因为它可以直接进入肺泡和支气管，干扰肺部的气体交换，引发包括哮喘、支气管炎和心血管病等方面的疾病。这些细颗粒物还可以通过支气管和肺泡进入血液，其中的有害气体、重金属等溶解在血液中，对人体健康的危害更大。世界卫生组织在《空气质量准则》中指出：当 $PM_{2.5}$ 年均浓度达到每 35mg/m^3 时，人的死亡风险比 10 mg/m^3 时约增加 15%。

大气环流会对这种大气污染产生输运作用，可以将一城一地的污染扩散到更大范围。所以，一座城市不可能洁身自好，靠把污染源（重化工业工厂、燃煤电厂等）转移到周边城市来解决自己的污染问题。解决大气污染的根本措施，是调整产业结构、改变经济增长方式、改善能源结构，同时大力推进节能。

第二个层面，也是国际上最为关注的热点，是能源消费中的温室气体排放所导致的全球气候变化。所谓温室气体，按照联合国气候变化框架公约的定义，主要指二氧化碳（CO_2）、甲烷（CH_4）、氧化亚氮（N_2O）、全氟碳（Perfluorocarbons，PFCs）、氟代烃（Hydrofluorocarbons，HFCs）和六氟化硫（SF_6）等六种气体。

各种气体都具有一定的辐射吸收能力。上述六种温室气体对太阳的短波辐射是透明的，而对地面的长波辐射却是不透明的。这就意味着携带热量的太阳辐射可以通过大气层长驱直入，到达地球表面，而地表热量却难以向地球外逃逸。大气中由燃料燃烧排放的CO_2等气体起到了给地球“保温”的作用，从而导致全球气温升高。

图4-3中可以看出，2005年以后的地球表面平均温度，要比1961～1990年间的平均温度高出将近0.6℃，而且呈现出持续和加速增长的态势。

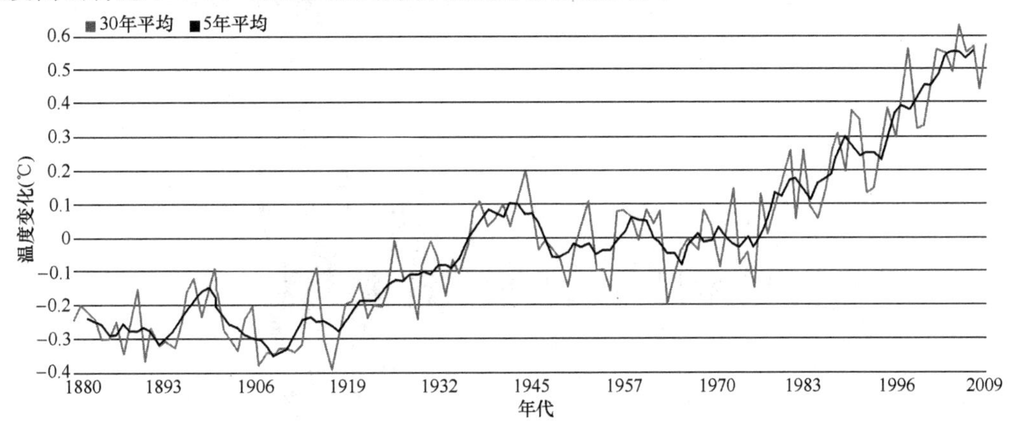

图4-3 1880～2009年地球表面温度的历史记录

1988年由世界气象组织（WMO）和联合国环境规划署（UNEP）联合成立了政府间气候变化专门委员会（IPCC，Intergovernmental Panel on Climate Change）。这是一个政府间的科学机构，承担评估由人类活动引起的气候变化的风险的研究任务。在20多年的时间里，IPCC发表了四次评估报告。先后有近3000位来自世界各国的专家参与了工作。这四次报告对气候变化、影响和对策的科学认识逐步深化，但仍有许多不确定性，需要进行深入的研究。

在2013～2014年间，IPCC的三个工作组发表了第五次评估报告。

2013年，IPCC第一工作组（WG1）的第五次评估报告（AR5）指出，1880～2012年，全球海陆表面平均温度呈线性上升趋势，升高了0.85℃；2003～2012年平均温度比1850～1900年平均温度上升了0.78℃。报告指出，人类活动极有可能是20世纪中期以来全球气候变暖的主要原因，可能性在95%以上。报告还警告说，如果没有实质性的政策和技术的变化，世界正走向危险的温度上升中。

报告还指出，全球排放的二氧化碳当量从1970年的27Gt增加到2010年的49Gt，到现在可能已经达到了每年超过52Gt。为了能有50%的机会保持全球地表温升小于2℃（这也是联合国的目标），人类在2010年前排放的温室气体总量就不能超过1550Gt，而按照目前的排放速度，这个限额将在2050年前就被突破。

但是，也有科学家质疑：如果从80万年的尺度看，尽管最近百年大气中CO_2浓度是最高的，但地球表面温度却并不是最高的时期，见图4-4，并认为，温室效应并不是引起气候变化的唯一原因。除了人为活动之外，应该还有其他自然的力量（如太阳活动）引起全球变暖。

4.1.4 中国的能源与节能

无论温室效应是不是由于人类活动所引起，对于中国这样的发展中大国，低碳经济是

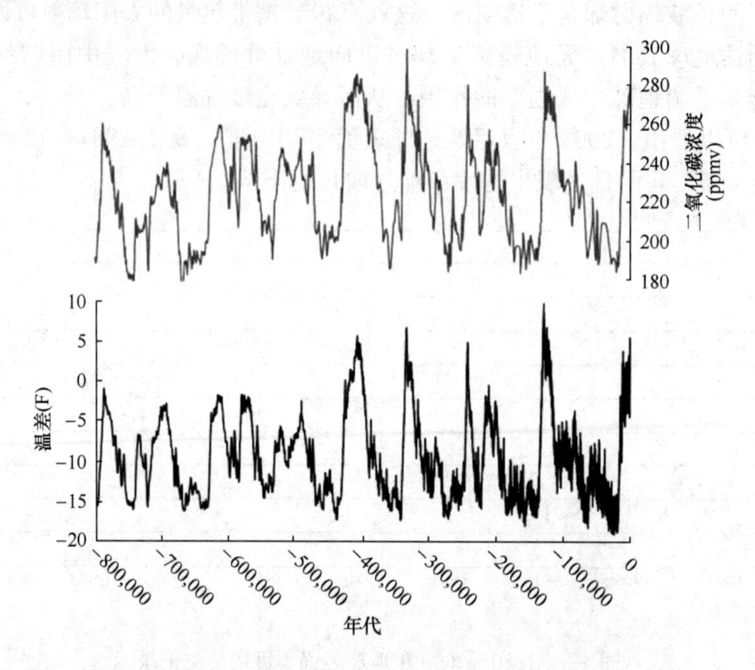

图 4-4　南极冰核测得的 80 万年 CO_2 浓度与温度的历史值

不得不走的发展道路。根据国际能源结构（IEA）的报告，2007 年中国由能源消耗所引起的碳排放总量已经超过美国，达到世界第一；中国的人均碳排放量和单位 GDP 碳排放量也都高于世界平均水平；2012 年，中国的一次能源消费总量为 36.2 亿吨标准煤，占世界能源消费总量的 21.9%，居世界第一位。中国电力工业发展也极为迅速，电力装机容量和发电量年均增速分别超过 9.2%和 9.1%；过去几年，中国电力装机每年增加 1 亿 kW 左右，每年增加量相当于整个英国的电力装机量，目前我国的电网规模和年发电量均位居世界第一。2013 年底全国发电装机达 12.5 亿 kW，超过美国，成为世界上发电装机规模最大的国家。

但是，我国的资源已经不能承担如此高强度的能源消费，表 4-2 表明，我国已探明的化石能源储量已经难以为继。

我国化石能源资源量　　**表 4-2**

	已探明可采储量	储采比（按现在的开采强度还能维持多少年）
石油	32.4 亿 t	15.4
天然气	4.02 万亿 m^3	37.6
煤	1842 亿 t	50

由于资源匮乏，使得中国能源和矿产资源类产品的对外依存度越来越高，2012 年中国共进口原油 2.85 亿 t，石油的对外依存度达到了 58.7%。这对国家安全带来严重的威胁。近年来围绕南海、钓鱼岛的领海争端，其实质就是国外势力争夺中国的油气资源。

我国能源消费有这样几个特点：能源资源的地域分布不均、能源利用的转换效率低、能源消费以工业能耗为主、建筑能耗和生活能耗在总能耗中的比例低但增长很快、以煤炭为主要燃料、燃煤引起的环境污染十分严重。

目前我国绝大部分地区由于使用能源而产生的污染物排放，都已经远远超过了环境的自净能力。燃煤发电和燃煤锅炉供热所排放的 SO_2 占总排放量的一半以上，2011 年，中国二氧化硫排放量达到 2218 万 t，超过环境容量 84.8%。前面提到的 $PM_{2.5}$，其中有四分之一～三分之一来源于电厂和工业生产中煤炭燃烧的排放。

我国北方大多数建筑物冬季是用煤炭直接燃烧供暖，而且，集中供暖的燃煤锅炉效率很低，从而直接造成北方城市冬季严重的大气污染。而我国空调需求较大的东部和南方城市，又以燃煤发电作为其主要能源，使空调的使用间接地造成大气污染。采用更高效、用能更合理的供暖空调系统，在满足室内热环境要求的前提下尽量降低能源消耗，同时，尽量将优质能源（例如电力和天然气）物尽其用，尽量利用天然能源、“免费”能源和可再生能源，这些都是建筑环境与能源应用工程专业的职责。

4.2 建筑能源需求与节能

2002 年，根据国际能源机构（IEA）的统计，全世界能源消费达到 61.9566 亿吨油当量。当年全世界创造的国内生产总值（GDP）约 35.318 万亿美元。而 2010 年，全世界能源消费达到 127.17 亿吨油当量，创造的 GDP 为 50.942 万亿美元。与 2002 年数据相比，全世界 GDP 增长了 44%，而能耗却增长了 1 倍以上。说明在世界经济高速增长的同时，也在以更高的速度消耗能源。

能源有生产/转换/用户（Production-Utility-Customer）三个环节。过去，谈及能源，往往指的是能源的生产和转换环节，即能源的供应侧。而在节能减排的大背景下，更注重能源需求侧，即用户端的能源利用效率和节能。

在能源需求侧，能源消耗主要在产业、交通和建筑三大领域中，而就其能耗的性质又可分为生产性能耗和消费性能耗两大部分。

所有社会产出，都需要有劳动力和资本的投入。能源就是作为一种自然资本的投入，得到产品和服务的产出，并创造价值。因此，生产性能耗简而言之就是直接创造价值的能耗。在城市中，工业和农业的生产过程、国际和城际的交通及物流、工业厂房建筑、商用建筑（包括商业办公楼、商场餐饮、交通枢纽、宾馆酒店等）、非公益性公共建筑（如影剧院、经营性体育场馆、私立医院等）的能耗，制造业、加工业和服务业的能耗，都会直接创造价值，因此都属于生产性能耗。一般用效率性指标如单位产值能耗、单位产品能耗或单位服务能耗来评价。生产性能耗主要通过产业结构调整、提高产品附加值、采用先进工艺和规模化生产、提高劳动生产率、改善服务等途径实现节能减排。在我国，社会总能耗中是以生产性能耗为主，特别是我国的钢铁、有色、化工、水泥等重制造业，能耗高，产品附加值低，是对中国可持续发展的主要制约因素。

消费性能耗，包括所有公益性建筑（如学校、公立医院、公共图书馆等）、行政办公建筑、住宅建筑的建筑能耗，公务车、城市公交和私家车的能耗。人们通过消耗能源，满足生产过程之外的生活功能，间接创造价值。在城市里，消费性能耗又被称为“城市生活能耗（Urban Life Energy）”，一般用强度性指标例如单位面积能耗和人均能耗等来评价。同时制定出各类公共建筑和公务车消费强度指标的能耗限额，对超过限额的单位要进行整改。这种能耗限额制度，对以建筑为载体的生产性能耗（如商业办公和宾馆酒店）也适用。对于以政府财政支出支付能源费用的公益性和行政建筑以及公务车消费，要加以严格限制。而对于居民日常生活衣食住行的能耗，例如住宅和私车能耗，应加以引导，本着“以人为本”的宗旨，解决能源消费中的民生问题。

建筑能耗是指建筑使用过程中的能源消耗，主要用于为营造人类所要求的建筑环境。在工业厂房中对建筑环境提出较高或特殊要求的场合，如第二章提及的净化厂房和恒温恒湿车间，其空调能耗理所当然的属于生产性能耗。在这些工业厂房中，建筑环境成为直接影响产品质量和成品率的重要因素。而在高度信息化的现代服务业聚集的办公楼中，工作人员长时间处于思想高度集中、精神压力和强度很大的快节奏工作之中，因此，室内环境品质成为间接影响人员工作效率的重要因素。因此，空调能耗也可以当成生产性能耗。但是，如果对服务业能耗只用产值能耗的效率指标评价是有局限性的。有一个著名的“面条理论”：煮一碗面条，无论在世界哪个角落，消耗的能源都是差不多的。但这碗面条在日本东京卖到近70元人民币，在中国北京卖到35元人民币，而在中国西部农村，可能只卖5元钱。于是我们会说，这碗面条在北京的产值能耗是东京的1倍，而在中国农村，则是14倍。因此，对于以建筑作为开展业务的主要经营场所的服务业，还是要结合单位建筑面积能耗来评价其能源利用情况。

建筑环境与能源应用工程专业人员，要能够区别建筑负荷与建筑能耗这两个概念。负荷的单位是W或者kW，它反映了建筑物的用能需求。负荷的大小，一定程度上取决于建筑围护结构的热工性能。围护结构保温隔热的性能越好，室外气候对室内热环境的干扰就越小。另一方面，负荷大小还取决于建筑物的性质和功能，例如由于大型商场室内照明标准和人流量都要高于办公楼，因此商场夏季冷负荷大于办公楼，冬季热负荷低于办公楼。又如五星级酒店的服务设施标准高于连锁旅馆，因此尽管酒店的围护结构与普通旅馆相差不大，但酒店的负荷还是远大于普通旅馆。能耗的单位是kWh，它是建筑物的能源实际消耗量。一定负荷的建筑，用能设备的使用时间越长，能耗量就越大；同样使用时间的建筑，用能设备的能效越高，能耗量就越小。

我国建筑物的围护结构保温隔热尤其是窗户的热工性能普遍比发达国家差，因此，我国建筑由围护结构传热所形成的供暖负荷要大于发达国家建筑。例如，以北京20世纪80年代保温水平计算，在同样室温条件下，北京住宅建筑的供暖负荷大致是德国的3～4倍。但负荷并不等于能耗，能耗与室内设定温度、供暖系统能效，特别是使用时间有很大关系。德国住宅供暖设定温度高，而且没有供暖期的概念，只要夜间温度足够低，即使在9月份或是5月份，也会启动采暖设备。因此，根据德国巴登符腾堡州的调研，其供暖一次能耗（建筑实际耗热量）达到241kWh/（m^2·a），而我国北京居民楼的供暖季实际耗热量大多为70～90 kWh/（m^2·a），实测平均值为83kWh/（m^2·a）。

在气候相近的不同地区，建筑能耗与当地经济发展、居民生活水平有着密切关系。从宏观经济角度看，一个国家的建筑能耗在总能耗中的比例越大，说明这个国家以建筑为载体的第三产业在经济中占有的比重较大，也说明人民的生活水平较高。美国、日本和欧盟等发达国家（地区）都是服务业（第三产业）高度发展的地区，其城市化率均在70%以上，人均年收入在2万美元以上。因此，这些国家的建筑能耗比例均在30%以上。在这个意义上，建筑能耗可以看做国家经济发展的晴雨表，它是经济结构和人民生活水平的标志。随着我国城镇化进程加快、经济结构调整和人民生活质量的提高，建筑能耗在全国总能耗中比例的增加是必然的趋势。

可以预见，我国建筑能耗增长潜力很大。严寒和寒冷地区城市会进一步增加城市集中供暖的比例；夏热冬冷地区会出现较为迫切的冬季供暖需求；夏热冬冷和夏热冬暖地区住宅空调的拥有率会进一步提高、使用时间会延长；农村住宅有更为迫切的改善室内环境品质、提高生活质量的需求。这种增长是经济水平和生活水平发展到一定程度下的必然，是刚性的需求。建筑环境与能源应用工程专业担负了满足人们日益增长的需求的重任。而需求的增长和降低能耗的要求这一对矛盾也对我们提出了严峻的挑战。

有同学可能要问，既然前文提及中国的消费性能耗和建筑能耗水平还远低于发达国家，而且中国综合能源消耗中也是以重化工业为主，那么，我们为什么还要提倡建筑节能呢？这是基于以下几方面考虑：

(1) 建筑能耗中有一部分是用来满足人的基本需求的，即生理和健康的需求，例如冬季室内需要供暖，需要维持一个适宜的室温（例如 18℃），这种用能需求是合理需求，是应该得到保证的。对于冬季室内温度在健康温度之下，以及低收入没有能力支撑能源费用的人，应该得到社会的救助。满足基本需求主要依靠提高能源效率来实现节能。反之，在基本需求之外的过高需求，例如冬季过高和夏季过低的室温；明显的浪费现象，例如房间无人的情况下还点亮所有的灯；以及追求奢华的消费方式，例如外表绚丽隔热性能很差的大面积玻璃幕墙等，这些是应该被制止的。尽管我国建筑能耗总体水平很低，但也必须看到，我国城市建设的很多方面，正在走西方国家高消耗的老路。某些豪华建筑的资源消耗水平正在向西方国家靠拢，甚至有过之而无不及。

(2) 如果对建筑能耗不加以控制，任由能耗水平无节制地增长，那么不仅是中国的能源资源的不可承受之重，也是世界能源资源的不可承受之重。根据测算，如果金砖四国（中国、印度、巴西和俄罗斯，总人口 32 亿）人均消费领域的能耗随着经济发展达到发达国家 2008 年的人均水平，那么将需要另外一个地球去提供目前全球消耗的能源总量（这里指的是化石能源）才能满足这四个国家在消费领域的能源需求。

(3) 从保护地球环境的角度出发，建筑节能是二氧化碳减排各项措施中成本最低的技术，而且由于建筑节能可以降低建筑的运营成本，在多数情况下建筑节能是负成本和正收益的技术。所以，在二氧化碳减排中应优先采用建筑节能技术。

(4) 节约是中国人民的传统美德。过去，人们节约用能、忍受严寒酷暑，是因为经济发展水平低，人们的收入水平更低；今天，我们提倡节能，是为了保护环境、保护资源。即使有一天经济高度发展了、生活高度富裕了，我们还是要讲节能，因为节能是高度文明的体现。尤其在大学校园里，节约资源应该是学生养成教育的重要组成、是学校精神文明建设的重要内容。

4.3 能源的供应与输配

根据建筑系统对能源的需求和常用能源的类型，对建筑系统的能源供应类型主要有：电、蒸汽、燃油、燃气、煤炭、生物质燃料、液化气、太阳能等。它们分别通过不同的方

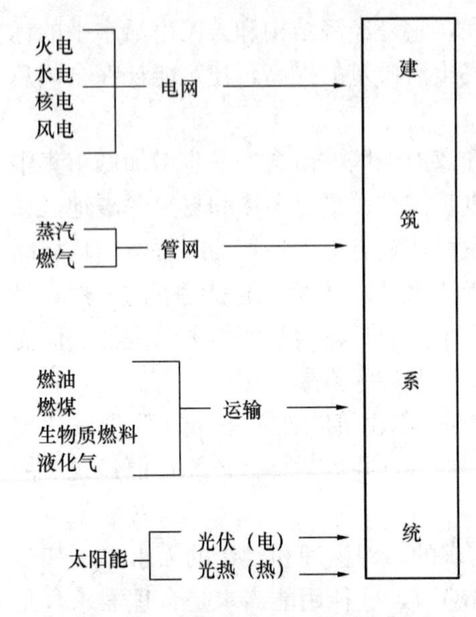

图 4-5　建筑能源种类及供应方式图

式向建筑系统供应。其中，电力有火电、水电、核电、太阳能光伏发电、风力发电等，通过电网向建筑系统供电；蒸汽、城市燃气通过城市管网系统向建筑供能，如城市集中供暖系统、城市燃气供应系统。蒸汽一般采用蒸汽锅炉生产。城市燃气有天然气、液化石油气、人工煤气和生物燃气等；燃油、煤炭、生物质燃料、液化气等则多通过交通运输方式向建筑系统供能。

建筑能源种类及供应如图 4-5 所示。

对于本专业建筑环境系统而言，终端能源主要是电力、冷和热，冷、热是建筑热湿环境的最终利用形式。其中，冷量需要通过制冷或热泵系统消耗能量得到；热量可以直接消耗能源获得，也可以通过热泵系统获得。在制冷、制热和冷热输送过程中则需要电力。

建筑热湿环境对能源的最终需求形式与方式如图 4-6 所示。

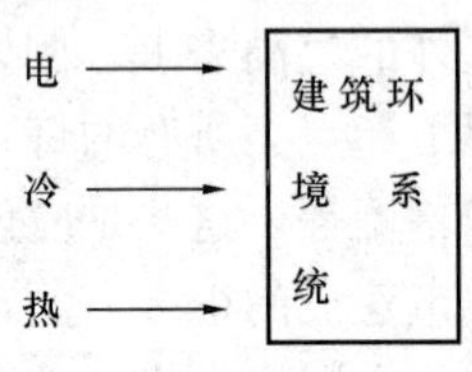

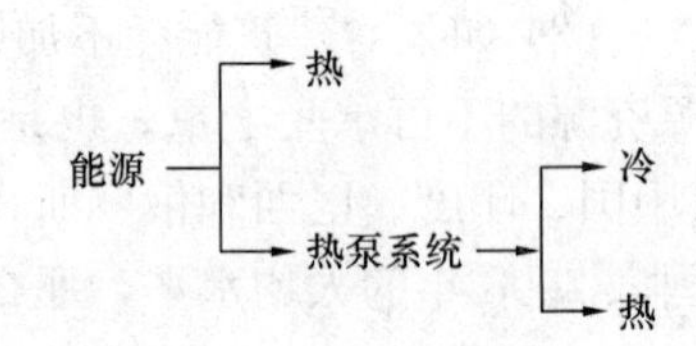

图 4-6　建筑环境系统能源需求与供应方式

一次能源通过燃烧方式、电力通过电阻发热直接转化为热，其最高的热转化率为 100%。能源通过热泵系统所提供的热量则远大于提供给热泵系统的能量，通常达到 3 倍以上。热泵提供的热量，主要不是来源于能量转换。热泵的原理可以与水泵进行类比，如图 4-7 所示。

热泵系统是消耗少量的能量从低温热源提取热量输送到高温热源的系统，相当于水泵消耗一定的电能把水从低水位提升到高水位一样。这样，对于低温热源而言就是制冷，对于高温热源而言就是制热。可以说，制冷系统就是热泵系统。

本专业的主要耗能设备及所需的能源形式如表 4-3 所示。

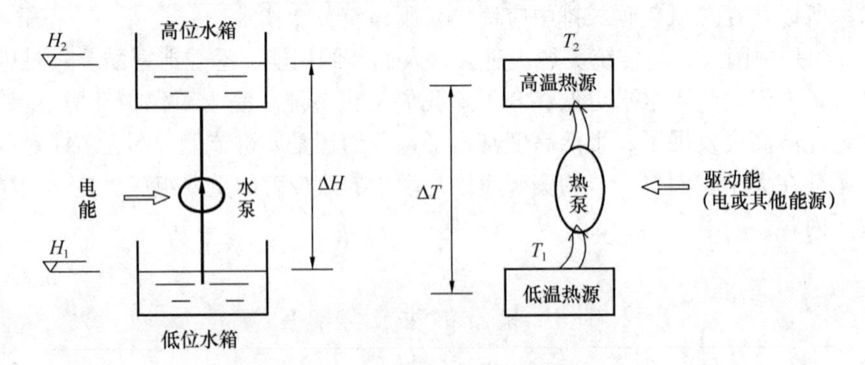

图 4-7　热泵与水泵类比

主要耗能设备表 **表 4-3**

耗能设备	设备功能	所需能源类型
制冷（热泵）机组	制冷、制热	电、油、气等
风机	输送空气	电
水泵	输送水	电
锅炉	生产蒸汽、热水	电、油、气、煤及生物质燃料等

本专业空调系统的能流途径如图 4-8～图 4-10 所示。

夏季，空调房间（室内）的温度低于室外大环境的温度，室外的热量，进入到室内、加上房间内部发热，热泵系统从空调房间吸取热量通过输送系统释放到室外大环境，维持空调房间的温度。

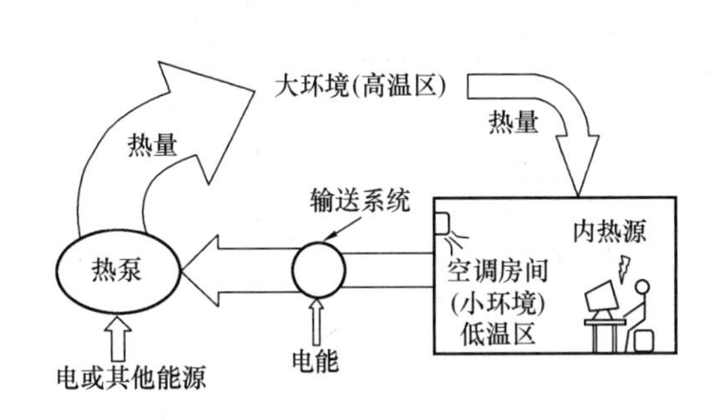

图 4-8 空调系统夏季工况能流示意图

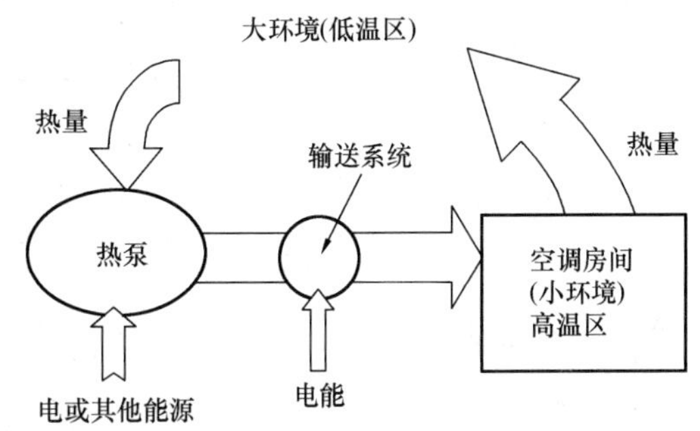

图 4-9 空调系统冬季工况能流示意图（一）

冬季，空调房间内（室内）温度高于室外大环境的温度，热量通过房间围护结构和排风流向室外大环境。通过热泵从室外低温环境吸取热量，或者通过锅炉消耗能源及输送系统向房间补充热量，维持房间内的温度。

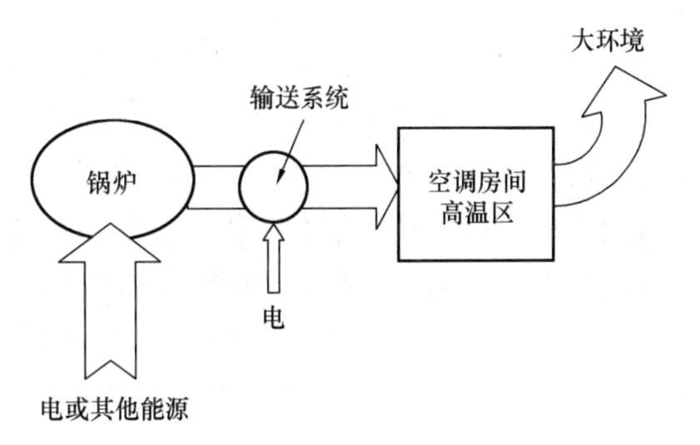

图 4-10 空调系统冬季工况能流示意图（二）

另外，能源在应用过程中是存在损耗的，其损耗体现在两方面：一是能源的数量损失，如燃料燃烧过程的热量损失；二是能源的品位损失。“水”有高位水与低位水，水从高位水箱流向低位水箱时，损失了势能；同样的道理，能源也有高品位能源和低品位能源。如电力、燃气、燃油等可以认为是高品位能源，热水、海水、空气等可以认为是低品位能源，当高品位能源转化成低品位能源时，能源的品位降低了，损失了品位。水从一个水位到另一个水位，水位差越大势能损失越大，同理，能源从一个品位到另一个品位，品位差越大，品位损失也就越大。例如，将燃气直接燃烧制备空调热水和通过燃气轮机带动热泵系统制备热水，同时利用燃气轮机的排烟余热加热水，这两种方式能效是完全不同的，后者因实现了梯级利用，降低了能源的品位损失，能效大幅度提高。

为了减少能源的品位损失，在能源供应与使用过程中应进行梯级应用。故在建筑能源供应中，除了直接供应建筑所需的各种类型的能源外，近年来，分布式能源系统逐渐在推广应用。

分布式能源系统，就是根据建筑对能源类型和数量的实际需求，按照能源从高品位到低品位梯级利用的原则进行区域建筑供能的系统。分布式能源系统由于同时根据建筑对能源类型、数量和品位的不同需求，对建筑系统实现了分类型、分层次供能，因而比独立的多能源供应和分产式能源（冷、热、电分别生产）供应方式更加高效、节能。图 4-11 所示的是一个分布式能源系统和分产系统的能效对比示意图。

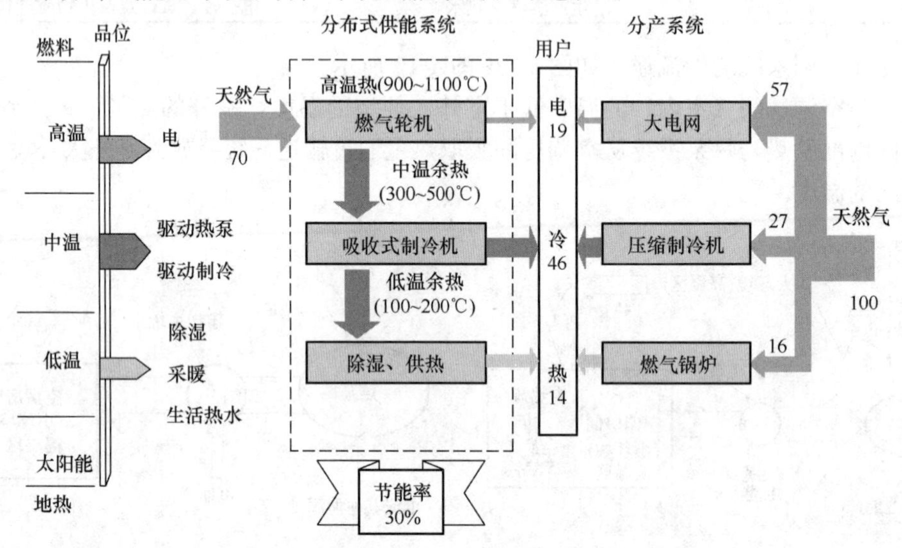

图 4-11　分布式能源系统能源梯级利用示意图

图 4-11 中，右边是分产式能源供应系统的能源供应，左边是分布式能源供应。根据用户对冷、热、电的需求，分产式系统输入 100 个能量单位的天然气，其中 57 个单位用于大电网发电，效率约为 33%，满足用户 19 个单位的电力需求；27 个单位的天然气通过燃气内燃机直接驱动压缩制冷机，满足用户 46 个单位的冷量需求；16 个单位的天然气经燃气锅炉燃烧后向用户提供 14 个单位的热量。同样满足用户的上述要求，如果采用分布式能源系统（图左边），以冷定气，则只需要 70 个单位的天然气即可。其中燃气轮机的发电效率设为 30%，吸收式制冷机的制冷效率为 1.1。燃气先经过燃气轮机发电，高温烟气（剩余 70%的能量）用于溴化锂吸收式制冷，制冷后的余热和制冷过程产生的热量向用户供热。这样，不仅能完全满足用户分别对冷、热、电的需求，而且整个能源利用过程的能效与分产式系统相比，至少提高 30%以上。可见，根据建筑对能源的实际需求情况，对能源从高品位到低品位进行梯级利用可以大幅度提高能源的利用效率。

思考题

1. 我国的建筑用能占社会总能耗的比例在什么范围？

2. 一次能源指的是哪些能源？

3. 在本专业领域，有哪些能源可以通过流体输配的方式进行输送？

4. 除了本章所提到的能源种类，还有哪些能源可以在本专业使用？

5. 在营造建筑内部环境，能否在营造建筑内部环境同时，在能源利用方面与其他建筑用能结合？有哪些方面是可以结合的？

参 考 文 献

[1] 中华人民共和国2012年国民经济和社会发展统计公报.
[2] BP Statistical Review of World Energy June 2013.
[3] http://chartsbin. com/view/upz.
[4] http://www. wikipedia. org.

第5章　本专业的知识体系和课程体系

5.1　基　本　概　念

5.1.1　知识体系

要具备从事专业技术工作和管理工作的基本能力，首先需要掌握专业要求的理论基础知识、专业技术知识、相关知识和拓宽知识，这些知识的构成形成专业的知识体系。掌握了要求的知识体系，做工作就会有理有据，知其然又知其所以然，减少盲目性。对今后从事本专业的工程师来讲，不仅可以提高工作效率，更重要的是面对工程技术问题能提出经济合理、技术可靠的解决办法。

在大学里进行本科学习，到毕业时要获得两本学历证书，即毕业证书和学位证书。毕业证书只能表明学生通过课程考核，学位证书则是对学生在大学里掌握本专业知识体系的认可。在对本科毕业生毕业论文或毕业设计进行评价时，都会提到对知识体系的掌握程度，比如对基础理论知识用扎实、深入来表述，对专业技术知识用系统、宽广来表述。这也提出了掌握知识体系时的要点和要求。

工科专业学生在学校学习要求掌握的知识体系一般可以有下述两种表述方法：

（1）阶梯构成法

知识体系主要是由自然科学基础知识、工程技术基础知识、专业技术基础知识、专业技术知识及相关性知识组成的系统性知识。

这种方法可以表征出学生在大学里进行知识体系学习的基本进程。

（2）分级构成法

知识体系是知识构成的最高级，知识体系由若干个知识领域构成，知识领域又由若干个知识单元构成，知识单元又由若干个知识点构成。

这种方法把学生在大学里学习的知识体系比作一棵大树，知识领域如同树干，知识单元如同树枝，知识点如同树叶。它可以指导在进行知识体系的传承过程中，明确教什么、学什么，便于进行知识体系掌握的量化表征。

5.1.2　课程体系

课程体系是实现学生学习和掌握知识体系的具体课程组成和学时学分安排。目前国内大多数专业的课程体系是按照知识体系的阶梯构成法进行设置，按4年制为基准进行安排。

课程体系的设计一般由负责本科教学的专业负责人进行规划，组织专业教师讨论形成。课程体系要根据指导性专业规范或专业培养方案进行设计。学生在选择课程时，要充分考虑知识体系的要求、学校对不同阶梯课程学分的要求以及今后从事专业必须掌握的本专业知识的要求。

工科专业学生在学校学习时的课程体系也可以有下述两种表述方法：

1. 阶梯构成法

课程体系一般是由通识课程（工具性知识、课程、政法军体课程及自然科学基础课程）、工程技术基础课程、专业技术基础课程、专业技术课程及相关性课程组成的系统课程。

这种方法表征出学生在大学里进行知识体系学习时的课程基本进程。

2. 选择法

课程体系由必修课和选修课组成。

必修课是表征本专业学生与其他专业学生在知识体系上的不同侧重点课程，是本专业学生必须学习的课程，缺一不可，但可分先后，在毕业时一定要修满、通过。必修课的课程及学分一般要占课程体系学分的60%以上。

选修课是给学生进行课程学习自行选择的课程，原因在于学生在校学习学分一定，学习的内容不可能在校都学，学生可以根据今后的就业去向、专业方向的爱好进行选择。

这种方法反映出学生在大学里进行知识体系学习时的主体作用。但是，学生在选择课程时要注意阶梯构成各部分对学分都有最低学分要求；课程体系中，课程间及与课程设计间的关系。

5.2　本专业知识体系与课程体系基本构成

本专业要求的知识体系主要载体是课程体系，知识体系中要求的知识可以在1门课程或者几门课程的教学中体现出来。表5-1是参照本专业指导性专业规范[1]列出的知识体系与课程体系的基本构成，按照高校课程体系设置的有关规定，课程学习的总学分占到四年大学学习总学分（在180学分左右）的80%以上，约为150学分左右。以下对表5-1进行说明。

专业知识体系和课程体系的基本构成　　表5-1

序号	知识体系		课程体系
	体系分类	知识领域	
1	人文社会科学	工具性 政法军体	外国语，计算机技术基础，算法语言 哲学，政治学，历史学，法学，社会学，体育，军事
2	自然科学	自然科学	数学，物理学，化学
3	主要技术基础	热科学原理与方法 力学原理与方法 机械原理与方法 电学与智能化控制 建筑领域相关基础	传热学，工程热力学，热质交换原理与设备 理论力学，材料力学，流体力学，流体输配管网 机械设计基础，画法几何，工程制图 电工与电子学，自动控制基础，建筑设备系统自动化 建筑环境学，建筑概论
	主要专业技术	建筑环境控制与能源应用技术 工程管理与经济 专业软件	室内环境控制系统或燃气储存与输配，冷热源设备与系统或燃气燃烧与应用，建筑环境测试技术 工程管理与经济 绘图软件、计算软件
4	其他		自行设置选修课

5.2.1　通识教育

工具性知识、政法军体知识及课程为在校大学生进行通识教育的内容，这部分课程为在国内学习的大学生都要学习的课程，大多都列为必修课程。其中在报考研究生课程中占有两门，即：外语和政治课程。外语以英语为例，它是进行国际文化交流、外文专业资料文献阅读、发表论文、技术交流的重要工具，在目前我国实施国际化大市场的引进来、走出去的背景下尤为重要。除在校通过外语课程考试外，社会考试也呈现多样化，国内有面对大学生的四、六级外语考试，成绩是考研、找工作的重要成绩指标之一，国外同样有面对中国学生考研的雅思、托福英语考试。

自然科学知识主要列出了工科大学生要进行通识知识学习的数理化课程，俗话讲“学好数理化，走遍天下都不怕”，可见其重要性。注意本专业要求学习的数学内容在国内所设本科工科专业中是最高级，通常称之为数学 1，包括：高等数学、线性代数、概率论与数理统计。高等数学是报考研究生课程中必考的一门课程，也是许多带研究生的老师选择学生的重要依据。数学基础的好坏，也关系到后续许多课程学习的难易程度和成绩高低。对大学一年级的学生来说，大一的物理学习比较难，原因在于似乎在初中、高中都学过的内容却在大学学习中开始发生了根本变化，其难点在于要用到大量的高等数学基础知识作为工具对物理基本原理进行描述，学习中甚至会遇到同期开课的数学课程中还没学到的基础知识。本专业目前对化学的学习相对较浅，偏重于基本化学原理的学习。

要注意的是，本专业是以数理为主要基础的涉及力学、热学、电学理论与应用的学科专业，与以化学、化工为基础的环境学科有着本质区别。由于上述课程大多在一年级学习，各高校对一年级学习成绩优异的学生给予了在进入二年级前在全校范围内重新选择专业的权利，这些学生无论是进入本专业或者由本专业跳出进入其他专业都要特别引起注意。与本专业通识基础知识比较相通的工程技术专业有机械、电子、计算机、自动控制、能源动力、土木工程等专业，这些工科专业都对数学要求比较高，要求数学选择数学 1。学习化工、环境、材料等以化学为基础的学科，一般选择数学 2（不包括概率论与数理统计），学习商科、建筑学等学科一般选择数学 3（不包括线性代数、概率论与数理统计）。

5.2.2　专业的技术基础教育

在自然科学基础知识学习后就进入专业的技术基础知识的学习。专业的技术基础可以分为两大部分：

1. 工科技术基础教育

本专业属于以数理为基础的工科学科专业，要求进行机械、电子、自动控制、工程力学等工科通用机电技术基础知识的学习。这部分课程也构成了工科大类课程。

由于建筑环境与能源应用工程会涉及大量的设备、装置，其中不仅有标准件或通用设备在工程设计中进行选用，同时也需要有非标准件、非标准设备需要本专业进行设计或研发，所以在机械基础理论学习时本专业有机械类或准机械类之分。国际上将本专业归入设备体系的学科专业时，对机械基础要求比较高，可归属到机械类，以美国、德国的高校为代表。若把本专业归属到系统工程设计体系，则属准机械类，以英国、日本的高校为代表。

作为机电课程的基础需要有工程设计基础，还要涉及工程设计基础课程的学习。对大一的学生来讲，除前述自然科学基础知识中比较难学的物理学课程外，还会遇到比较难学的课程是画法几何，它要求学生要有空间想象能力，需要考虑如何用三视图来表示实际物体特征，其中难点在于物体界面的相贯线表示。

2. 本专业技术基础教育

专业不同主要表现在专业要求的专业技术基础的不同，本专业的技术基础知识及课程主要有两类：

（1）具有专业大类特点的技术基础知识及课程

这部分主要包括三门课程：工程热力学、传热学、流体力学。这些课程也是能源动力类学科的主要技术基础课程。与能源动力类学科相比较，本专业更加注重以建筑为载体学习与建筑环境、建筑能源应用相关的技术基础理论。学生学习这些课程时，作为扩大专业技术基础理论的视野，可以把能源动力类的课程教材作为参考书。

这三门课程是专业技术课程学习前必须具备的知识，因而也被选为本学科设立的全国专业基础知识大赛“人工环境奖”的主要考试内容（大三第二学期的5月份初考，暑期进行复赛）。报考硕士研究生的业务课也多在这三门课中选择。

（2）本专业的专有技术基础知识及课程

这部分主要包括三门课程：建筑环境学、热质交换原理与设备、流体输配管网。这些课程是本专业学科的特色技术基础课程，这些课程中更加明确了与建筑环境与能源应用工程直接相关的应用技术基础理论。其中建筑环境学也是“人工环境奖”的考试内容。

5.2.3　专业的技术教育

在表5-1中列出的仅是本专业必修的专业技术教育的知识单元，其他可根据学校、地域特点开设的选修课由所在学校自行安排。在指导性专业规范[1]中还给出了建筑环境、城市燃气两个专业方向的专业技术知识要求。

目前专业技术教育有关的教材有“88教材体系”和“2003教材体系”。“88教材体系”中，即1977年恢复高考后新编出版的到1988年出齐的专业技术教材，采用按专业工程领域的方式给出了供热空调工程专业技术的内容，主要包括：供热工程、工业通风、空气调节、空调用制冷技术、锅炉及锅炉房设备。这个体系的教材一直由中国建筑工业出版社出版，目前都已修订到第四版，在2000年前毕业的大学本科生基本是在该教材体系下接受专业技术教育。

在1998年专业名称调整时，本专业由“供热供燃气通风及空调工程”（研究生专业目录仍保留该名称）改名为“建筑环境与设备工程”，提出了本专业主干课程13门、专业必修或选修课程13门，涉及这些课程在2003年基本形成的教材体系简称“2003教材体系”。

围绕传统的暖通空调技术方向，在教材体系中将88教材体系有关的5本书调整为4本书，有关技术方式、基本原理、计算方法归纳到专业技术基础课程“热质交换原理与设备”、“流体输配管网”课程之中；工程内容则综合构成了“暖通空调”、“建筑冷热源”课程。城市燃气方向的工程内容综合构成了“燃气储运与输配”、“燃气燃烧与应用”。

目前专业教学体系中，存在着“88教材体系”、“2003教材体系”并用或交叉使用的现状。由于专业技术课程设置大多为选修课，学生在大学本科学习时务必要注意把专业技术课程列入自己大学学习的选修课计划中，尤其是要注意实践性环节中的课程设计、毕业设计是必修环节，但用到的专业理论和技术又往往在选修课中。

由于本专业技术发展迅速，仍然按照教材体系来设置课程体系势必造成课程教学存在知识点重复、课时效率不高的问题，在2013年本专业调整为建筑环境与能源应用工程专业后，指导性专业规范[1]中采取了知识体系—知识领域—知识单元—知识点来设计本专业教育内容，以此指导大学本科生必须学习和掌握的本专业知识的最低限。

5.3　本专业的知识体系

5.3.1　本专业毕业生应具有的知识结构

在指导性专业规范[1]中，要求本专业的毕业生应具有如下知识结构：

（1）具有基本的人文社会科学知识，熟悉哲学、政治学、经济学、社会学、法学等方面的基本知识，了解文学、艺术等方面的基础知识，掌握一门外国语。

（2）具有扎实的数学、物理、化学的自然科学基础，了解现代物理、信息科学、环境科学的基本知识，了解当代科学技术发展的主要方面和应用前景。

（3）掌握工程力学（理论力学和材料力学）、电工学及电子学、机械设计基础及自动控制等有关工程技术基础的基本知识和分析方法。

（4）掌握建筑环境学、流体力学、工程热力学、传热学、热质交换原理与设备、及流体输配管网等专业技术基础知识。

（5）系统掌握建筑环境与能源应用工程领域的专业理论知识、设计方法和基本技能，了解本专业领域的现状和发展趋势。

（6）熟悉本专业施工安装、调试与试验的基本方法，熟悉工程经济、项目管理的基本原理与方法。

（7）了解与本专业有关的法规、规范和标准。

本专业知识体系由知识领域、知识单元以及核心知识点三个层次组成，每个知识领域包含若干个知识单元，知识单元中包含了若干个核心知识点。

5.3.2　专业的知识体系

建筑环境与能源应用工程专业培养的学生应系统掌握的本专业的知识体系包括通识知识、自然科学知识和工科技术基础知识、专业基础知识及专业知识。本专业的知识体系包括的反映专业特性和特点的主要知识领域有：

（1）热科学原理和方法；

（2）力学原理和方法；

（3）机械原理和方法；

（4）电学与智能化控制；

(5) 建筑领域相关基础；

(6) 建筑环境控制与能源应用技术；

(7) 工程管理与经济；

(8) 计算机语言与软件应用。

建筑环境与能源应用工程的知识体系的教学包括课程教学和实践教学。课程教学是知识体系教学的基本载体。

5.3.3 知识单元

构成本专业主要知识领域的知识单元和核心知识点，见表 5-2，各部分详细内容见附录 2。

本专业主要知识领域的知识单元及核心知识点　　　　表 5-2

<table>
<tr><th>知识领域</th><th colspan="2">知识单元</th></tr>
<tr><td rowspan="3">热学原理和方法</td><td colspan="2">工程热力学</td></tr>
<tr><td colspan="2">传热学</td></tr>
<tr><td colspan="2">热质交换原理与设备</td></tr>
<tr><td rowspan="4">力学原理和方法</td><td colspan="2">理论力学</td></tr>
<tr><td colspan="2">材料力学</td></tr>
<tr><td colspan="2">流体力学</td></tr>
<tr><td colspan="2">流体输配管网</td></tr>
<tr><td rowspan="2">机械原理和方法</td><td colspan="2">机械设计基础</td></tr>
<tr><td colspan="2">画法几何与工程制图</td></tr>
<tr><td>电学与知能化控制</td><td colspan="2">建筑设备系统自动化</td></tr>
<tr><td rowspan="3">建筑领域相关基础</td><td colspan="2">建筑概论</td></tr>
<tr><td colspan="2">建筑环境学</td></tr>
<tr><td colspan="2">建筑环境与能源应用系统测试技术</td></tr>
<tr><td rowspan="5">建筑环境控制与
能源应用技术</td><td rowspan="3">建筑环境方法</td><td>建筑环境控制系统</td></tr>
<tr><td>冷热源设备</td></tr>
<tr><td>A 为暖通空调方向；
B 为城市燃气方向</td></tr>
<tr><td rowspan="2">城市燃气方向</td><td>燃气储存与输配</td></tr>
<tr><td>燃气燃烧与应用</td></tr>
<tr><td>工程管理与经济</td><td colspan="2"></td></tr>
<tr><td>计算机语言与软件应用</td><td colspan="2"></td></tr>
</table>

5.4 本专业的课程体系

5.4.1 课程体系与课程教学的基本设置

课程体系是实现知识体系教学的基本载体，核心课程是对应本专业主要知识领域设置的必修课程。指导性专业规范[1]鼓励各院校根据本校实际情况（学校学科体系、地域或行业的人才需求、设置的专业方向、师资的结构与水平、生源与知识基础）进行课程体系设置。但要注意设置的课程体系必须涵盖本专业要求的知识领域、知识单元及其核心内容，课程名称及其内容组合可根据各校的具体情况进行合理的设置，并明确给出本专业的核心课程以及其他课程需完成的教学任务、相应的学时和学分。本专业学生在选择课程时应对其引起注意。

建筑环境与能源应用工程专业课程体系包含的课程教学的基本设置见表5-3。

主要的课程教学类别包括：知识、自然科学知识、工程技术基础知识、专业基础知识及专业知识。每类课程教学附有教学的主要课程，这些课程为本专业的基本课程。课程教学的学分按每16学时核计1个学分进行计算。

通识知识、自然科学和工程技术基础的知识课程教学一般由学校统一安排，本专业主要承担专业基础知识、专业知识的课程教学。

专业的知识体系与教学类别的关系　　表5-3

序号	教学类别	课程体系（主要知识领域和知识单元）
1	人文社会科学知识	外国语、信息科学基础、计算机技术与应用
		政治历史、伦理学与法律、管理学、经济学、体育运动及军事理论与实践
2	自然科学	数学、普通物理学、普通化学
3	工程技术基础知识	画法几何与工程制图、理论力学、材料力学、电子电工学、机械设计基础、自动控制基础
4	专业基础知识	工程热力学、传热学、流体力学、建筑环境学、热质交换原理与设备、流体输配管网、建筑概论
5	专业知识	室内环境控制系统或燃气储存与输配、冷热源设备与系统或燃气燃烧与应用建筑设备系统自动化、建筑环境与能源系统测试技术、工程管理与经济

5.4.2 核心课程

本专业主要知识领域相对应的推荐的核心课程见表5-4，相关基础学科核心课程7门，本学科专业核心课程11门。

本专业主要知识领域相对应的推荐的核心课程　　表5-4

序号	知识领域	核心课程	
		相关基础学科	本学科专业
1	热学原理和方法	—	工程热力学 传热学 热质交换原理与设备
2	力学原理和方法	理论力学 材料力学	流体力学 流体输配管网
3	机械原理和方法	机械设计基础 画法几何与工程制图	—
4	电学与智能化控制	电工与电子学	建筑设备系统自动化

续表

序号	知识领域	核心课程	
		相关基础学科	本学科专业
5	建筑领域相关基础	建筑概论	建筑环境学
6	建筑环境控制与能源应用技术	—	建筑环境与能源系统测试技术 建筑环境方向： 室内环境控制系统 冷热源设备与系统 建筑能源方向： 燃气储存与输配 燃气燃烧与应用
7	工程管理与经济	—	工程管理与经济
8	计算机语言与软件应用	计算机语言软件应用	—

5.5　执业注册考试的知识体系

本专业属国家规定的具有执业注册的工程专业之一。本专业学生本科毕业即可参加注册公用设备工程师的基础考试。在规定的工程实践经历（通过专业评估的学校为4年，否则为5年）后，通过执业注册工程师的专业考试，可以获得公用设备工程师的执业注册资格。此外，本专业学生还可参加建造工程师、监理工程师、咨询工程师等执业资格考试。

公用设备工程师执业注册考试将在第七章中介绍。这里要强调执业注册考试内容并非完全靠在校完成学习，但涉及的理论知识需要在大学学习完成。下述几点应引起注意：

1）基础知识体系的内容，除工程经济、职业法规外应在高校本科学习期间完成。

2）对于工程经济、职业法规也应在高校学习内容中给予关注，宜在法律课程、专业技术课程有所涉及。

3）目前专业技术知识体系的考试内容，与老教材（称之88教材体系）结合比较紧密，这也是目前部分高校仍然沿用老教材的主要原因之一。

4）目前高校教学体系中主要采用新教材（称之2003教材体系），还存在与现行执业注册考试大纲空缺的部分，需要在选修专业课程中解决。

5）专业工具（规范、规程、标准类和设计手册）知识体系的内容，高校主要通过课程设计、毕业设计等实践性环节进行学习，深度有限，需要在工作实践中解决。

注册考试的基础考试大纲以及专业考试大纲可在住房和城乡建设部等相关注册考试委员会的官方网站查取。

思　考　题

1. 试说明本专业知识体系、课程体系、执业注册知识体系三者之间的关系？

2. 本专业知识体系包括的反映专业特性和特点的主要知识领域有哪几部分？

3. 本专业的专业基础课有哪些？专业课有哪些？试说明这些课程在知识体系中的作用。

参　考　文　献

[1]　高等学校建筑环境与设备工程学科专业指导委员会，高等学校建筑环境与能源应用工程本科指导性专业规范．北京：中国建筑工业出版社，2013.
[2]　高等学校土建学科教学指导委员会建筑环境与设备工程学科专业指导委员会．全国高等学校土建类专业本科教育培养目标和培养方案及主干课程教学基本要求. 北京：中国建筑工业出版社，2004.

第6章　专业能力结构与实践教学体系

6.1　专业能力结构

大学工科教育既是工程技术教育，也是平台教育。教育部多年来一直强调我国的高等教育要注重培养口径宽、基础厚、能力强、素质高的人才。随着社会的发展，各学科交叉融合的加强，本专业所涉及的领域比以往任何时候都显得宽广。

近年来，本专业的毕业生主要去向及主要从事的工作如下：

工程设计单位。在工程设计单位主要从事本专业的工程设计工作。

施工安装企业。在施工安装企业主要从事本专业及相关专业的施工安装技术指导、技术管理和技术服务等工作，解决施工中的各种问题。

暖通空调设备生产企业。在这些企业主要从事相关设备的研发、营销、技术管理及技术服务等工作。

大型企业、宾馆饭店、房地产公司等。在这些单位主要从事本专业的技术管理、系统运行等工作。

继续学习深造。相当一部分毕业生毕业后进入研究生阶段的学习。

科研单位与学校。一部分毕业生毕业后进入科研院所、学校，从事相关研究和教学工作。

政府部门。还有一部分毕业生，通过国家公务员考试或聘任，到政府部门工作。

从毕业生的去向及从事的工作也可以看出，本专业的毕业生不仅需要具备本专业工程技术方面的能力，同时还必须具备相关能力。根据上述本专业毕业生的去向、社会对人才的要求，可以得出本专业学生应具备如下几个方面的专业能力：

1. 进行本专业工程规划与设计、系统运行与技术管理的能力

本专业毕业生从事工程设计、系统运行、技术服务方面的工作，需要能够对本专业中的系统，如空调供热系统、城市燃气输配系统、通风除尘系统等进行规划和设计；对已有的系统能进行调试、检测和运行管理；能根据设计图纸指导、监督工程施工和设备安装等。

2. 运用所学专业知识分析、解决本专业一般工程实际问题的能力

在实际工程中，出现的工程问题各种各样，要求能够根据所掌握的专业知识发现本专业领域中存在的明显技术问题，能够分析存在或出现问题的原因，进而提出解决问题的方法。

3. 较强的自学、多渠道获取、拓展和深化知识的能力

大学阶段是一个基本学习阶段，涉及的内容多、范围广，既要“基础厚”，又要“口径宽”，还要“能力强和素质高”，集中教学时间是远远不够的。许多知识需要通过自学完成，有的需要在大学阶段完成，如课程参考资料阅读，有的需要毕业后继

续学习，如注册设备工程师考试学习、研究生阶段学习。由于知识来源的广泛性，要求学生不仅具备较强的书本知识的自学能力，而且要有较强的多渠道获取、拓展和深化知识的能力。

4. 初步技术研究、产品开发和一定的技术创新能力

随着技术的进步，一项新的技术或产品往往是综合性的，需要各种层次的技术人才，通过理论分析、实验研究等多种手段共同完成。因此，这方面的能力是技术发展与进步的必然结果。例如，一些学生毕业后进入大型空调生产企业，参与企业的新产品开发活动，需要能进行如产品性能实验、数据处理等方面的技术工作。

5. 一定的应用计算机进行工程计算、系统模拟的能力

专业技术的发展和计算机技术的进步，对本专业的要求也越来越高。例如，过去一些冷热负荷计算只能采用静态方法，计算精度难以得到保证，现在冷负荷必须采用动态计算方法计算；又如在进行空调方案比较时往往需要对全年负荷和不同方案的能耗等进行模拟，才能得出较优的方案。这就需要具备一定的运用计算机及其相关软件解决工程技术问题的能力。

6. 一定的阅读外文工程技术资料和利用外语进行技术交流的能力

随着经济及技术全球化趋势的加强，国际交流的需要程度大大提高，许多企业早已把业务往来扩展到了海外。这些都不可避免地需要一定的外语能力，特别是阅读外文技术资料和技术交流的能力。

7. 良好的技术交流、沟通和协作能力

交流、沟通、协调能力可以说是现代社会每个工程技术人员必需的最基本的能力。这个能力包括语言、写作能力、理解能力和协作精神。

6.2　实 践 教 学 体 系

专业能力是通过教育培养和锻炼获得的。一般而言，知识、能力是紧密关联的，它们之间的关系可以简单描述如下：

感性认识→理论学习→知识→实践→能力

可以说，能力是更高层次的知识。在能力培养过程中，实践教学是非常重要的环节。在本专业的实践教学中，经过长期的教学实践，形成了一套有效的实践教学体系，这个教学体系包括的实践环节有：实习、实验、设计、IST 计划（国家大学生创新性实验计划）、社会实践活动等。其中与本专业教学直接相关的是实习、实验、设计和 IST 计划。

根据本专业的专业规范要求，本专业的实践教学的环节由实验、实习、设计、科研训练等方式进行，具体教学内容见表 6-1。专业实践体系的实践领域、实践单元及实践环节的主要内容见表 6-2。

本专业实践教学体系的构成如下：

建筑环境与能源应用工程专业的知识体系的实践教学 **表 6-1**

序号	教学类别	教学内容
1	实验	公共基础实验：自然科学与工科工程技术基础的教学实验
		专业基础实验：建筑环境与能源应用工程专业基础知识的教学实验
		专业实验：建筑环境与能源应用工程专业知识的教学实验
2	实习	金工实习：机械制造各工种（车、钳、铣、磨、焊、铸等）
		认识实习：专业设施、设备、运行系统的初步了解
		生产实习：专业设施与设备制作、安装或系统调试运行的工程实践
		毕业实习：专业工程设计或科研项目的专题实习
3	设计	课程设计：专业工程方案设计
		毕业设计：专业工程方案与施工设计
4	科研训练	毕业论文：专业技术问题研究（与毕业设计二选一）
		大学生课外创新训练（自选）

专业实践体系中的实践领域与实践单元 **表 6-2**

序号	实践领域	实践单元	实践环节
1	实验	专业基础知识的教学实验：流体力学实验、工程热力学实验、传热学实验、建筑环境学实验、流体输配管网实验、热质交换原理与设备实验	专业基础实验
		专业知识的教学实验：采暖、空调、通风系统相关的实验；冷热源设备相关的实验；燃气燃烧（燃气热值、比重、气相色谱分析等）基本性质实验与输配贮存系统相关实验；建筑设备自动化和测量技术相关的实验	专业实验
2	实习	机械制造各工种（车、钳、铣、磨、焊、铸等）：了解铸造、锻压、焊接、热处理等非切削加工工艺及车工，铣工，特殊加工（线切割，激光加工），数控车，数控铣，钳工，沙型铸造，等各工种的基本操作	金工实习
		专业设施、设备、运行系统的初步了解：采暖、空调、通风系统或燃气贮存与输配的设备与系统、建筑冷热源或燃气燃烧与应用的设备与系统相关内容	认识实习
		通过动手实践熟悉本专业相关的以下领域内容之一：设备生产、施工安装、系统调试、运行管理等；增加对建筑业的感性认识；增强对专业课程中有关专业系统、设备及其应用的感性认识等	生产实习
		专业工程设计或科研项目的专题实习：了解与毕业题目相关的工程设计、设备研发、生产、施工、运行调节等内容；相关的新技术、新设备和新成果的应用；有关工程设计、施工及运行中应注意的问题	毕业实习
3	设计	专业工程方案设计：掌握工程设计计算用室内外气象参数的确定方法；工程设计的基本方法；工程设计所需负荷计算、设备选型、输配管路设计、能源供给量等的基本计算方法。熟悉工程设计方案、设计思想的正确表达方法；熟悉建筑参数、工艺参数、使用要求与本专业工程设计的关系	课程设计
		专业工程方案与施工设计：掌握综合工程方案设计的方法；建筑负荷计算、设备选型、输配管路设计、能源供给量等的计算方法；工程图纸正确表达工程设计的方法。熟悉工程设计规范、标准、设计手册的使用方法；能够进行方案论证选定，并做出运行调节方案	毕业设计

6.2.1　实习

由金工实习、认识实习、生产实习和毕业实习组成。不同的实习，不仅安排的时期、时间不同，而且内容和要求也不相同。

1. 金工实习

金工实习属机械加工制造领域的基础实习。由于本专业领域涉及许多机械设备，如风机、水泵、阀门、管道、冷热水机组等的加工制造和使用，需要学生了解相关机械加工的最基础过程。一般安排在“机械零件设计基础”课程学习之后，一周时间。

2. 认识实习

认识实习一般是安排在专业基础课程学习后、专业课程学习之前的实习，对专业课程的学习建立感性认识，实习内容主要是参观本专业的相关设备、系统，初步了解设备和系统的外观、构成、功能、作用和大致原理，为专业课程的学习做准备。一般也是一周时间。因此，认识实习的目的可以归纳为：

(1) 了解本专业建筑环境及其设备系统的知识要点和教学的整体安排；了解本专业的研究对象和学习内容；

(2) 增加对本专业的兴趣和学习目的性，提高对建筑环境控制、城市燃气供应、建筑节能、建筑设施智能技术等工程领域的认识，为专业课程学习做好准备。

3. 生产实习

生产实习是训练实际动手能力的实习，在这个实习环节，学生直接参与到实际工程运作过程中，包括施工安装、设备及系统的调试运行、设备材料的加工制作等。该实习环节要求学生具备了一定的专业知识，因而通常安排在主要专业课程学习期间或学习之后，一般是2～4周时间。因此，生产实习的要求可以归纳为：

(1) 了解本专业设备生产、施工安装、运行调试等过程的工作内容，主要专业工种，常用的技术规范、技术措施和验收标准等；

(2) 增加对建筑业的组织机构、企业经营管理和工程监理等内容的感性认识；增强对专业课程中有关专业系统、设备及其应用的感性认识等。

4. 毕业实习

毕业实习是学生毕业设计或毕业论文阶段的实地参观考察，该实习与以往实习的主要区别体现在系统性、针对性和深入程度。因为在这个实习阶段，学生完成了全部专业课程的学习，进入到最后的毕业设计或毕业论文阶段。为了整体把握本专业系统，通过毕业实习可以全面掌握系统的构成、运行过程、系统特性，了解建筑或工艺过程对暖通空调系统的要求以及工程设计、施工、运行中的通常程序、做法和存在的问题等。毕业实习是系统性很强、涉及面很广、深度较大的实习，通常安排在毕业设计过程中，时间一般为两周。毕业实习的要求可以归纳为：

(1) 了解本专业工程的设计、施工、运行管理等过程的工作内容；专业相关新技术、新设备和新成果的应用；有关工程设计、施工和运行中应注意的问题。

(2) 增强对专业设计规范、标准、技术规程应用的认识。

根据本专业教学的不同培养方向，实习领域中的核心实践单元和知识技能点有所不同，见表6-3。

实习领域中的核心实践单元和知识技能点 **表 6-3**

序号	实践单元	知识技能点
1	认识实习	暖通空调方向：初步了解采暖、空调、通风系统的构成与主要设备，冷热源系统的构成与主要设备，室内环境的控制技术的发展现状 城市燃气方向：初步了解燃气相关的基本知识与民用、商用燃气具；燃气输配系统的基本组成；燃气工业炉窑与燃烧器
2	金工实习	熟悉机械制造的主要工艺方法和工艺过程；熟悉各种设备和工具的安全操作使用方法；掌握对简单零件加工方法选择和工艺分析的能力；培养认识图纸、加工符号及了解技术条件的能力
3	生产实习	暖通空调方向：掌握暖通空调或冷热源主要设备的生产过程和加工方法；暖通空调与冷热源设备的施工安装组织与方法；暖通空调与冷热源设备系统的调试与故障诊断方法；暖通空调与冷热源设备系统的运行管理方法。 城市燃气方向：掌握燃气输配系统与设备知识；燃气管道的施工安装组织的基本知识；民用商用燃气具的基本知识与结构；燃气空调与工业炉窑的基本知识与系统组成
4	毕业实习	结合毕业设计课题，调查同类工程的实际情况；熟悉工程设计过程、步骤，掌握搜集相关原始资料和制定工程方案的方法；熟悉工程施工安装、设备运行管理方法；熟悉相关的工程规范、标准

6.2.2 实验

实验是促进课程学习，培养实际操作能力、观察能力、分析能力等多方面能力的重要的实践教学环节。本专业的实验包括公共基础课程实验、专业基础课程实验和专业课程实验三大类。其中，公共基础课程实验有大学物理实验、化学实验、力学实验等。专业基础课程实验包括传热学、流体力学、工程热力学、建筑环境学、热质交换原理与设备、流体输配管网课程的相关实验。专业课程实验包括制冷空调、通风除尘、供热锅炉、燃气输配与应用等课程的相关实验。这些实验可以结合课程单独开设，也可以根据实验内容及要求设置综合实验。一般包含如下基本内容：

（1）热传导、热对流、热辐射；

（2）饱和和非饱和状态下，湿空气状态参数（干球温度、湿球温度、露点温度、含湿量、相对湿度等）的测量；

（3）热湿环境参数的测量与对人体的影响评价；

（4）流体的温度、流速、流量及压力的测量；

（5）风机、水泵的性能测量；

（6）风机、水泵与管路系统的工况点耦合；

（7）热质交换设备性能；

（8）管道内及工作场所含尘浓度、有害物浓度测量；

（9）设备及管道附件阻力系数；

（10）冷热源设备效率；

（11）净化设备性能；

（12）粉尘真密度、分散度、中位径测量；

（13）工作场所及设备的噪声测量；

（14）其他。

实验的基本要求：

（1）掌握正确使用仪器、仪表的基本方法；正确采集实验原始数据；正确进行实验数据处理的基本方法；

（2）熟悉常用的仪器仪表、设备及实验系统的工作原理；对实验结果具有初步分析的能力，能够给出比较明确的结论；

（3）了解实验内容与知识单元课程教学内容间的关系。

实验领域的专业核心实践单元和核心知识技能点见表 6-4。

实验领域的专业核心实践单元和核心知识技能点　　　　**表 6-4**

序号	实践环节	实践单元	知识技能点
1	专业基础实验	建筑环境学、工程热力学、传热学、流体力学、热质交换原理与设备、流体输配管网等课程实验	掌握正确使用仪器、仪表的基本方法；正确采集实验原始数据；正确进行实验数据处理的基本方法。 熟悉常用的仪器仪表、设备及实验系统的工作原理；对实验结果具有初步分析能力，能够给出比较明确的结论。 了解实验内容与知识单元课程教学内容间的关系
2	专业实验	采暖、空调、通风系统或燃气贮存与输配的设备与系统、建筑冷热源或燃气燃烧与应用的设备与系统相关的课程实验，建筑自动化和测量技术相关的课程实验	

6.2.3　设计

设计是培养学生对所学专业知识综合运用能力的重要教学环节。分课程设计和毕业设计两大类型。

1. 课程设计

课程设计是针对某门课程所涵盖的专业范围进行工程设计训练的教学环节，如制冷课程设计、通风除尘课程设计、供暖课程设计、空调课程设计等。主要是为了在学习专业课程之后，掌握该课程所涵盖专业范围的工程设计方法，强化对所学专业知识的理解和掌握，培养综合运用所学知识的能力。课程设计的内容相对简单、独立，要求以方案设计为主，以掌握设计方法、设计步骤为主要目的。一般每门课程设计时间为一周。为了提高时间利用效率、进一步培养综合能力和系统思想，往往把几门课程设计融合成一个综合课程设计，如“制冷、空调、自控综合课程设计”、“供暖、锅炉、管网综合课程设计”等。课程设计的深度一般为方案设计或初步设计的深度。

课程设计总周数一般不少于 5 周。各学校对课程设计的安排不尽相同，但要求基本一致。课程设计的基本要求为：

（1）掌握工程设计计算用室内外气象参数的确定方法，工程设计的基本方法，工程设计所需负荷计算、设备选型、输配管路设计、能源供给量等的基本计算方法。

（2）熟悉工程设计方案、设计思想的正确表达方法；熟悉建筑参数、工艺参数、使用要求与本专业工程设计的关系。

（3）了解工程设计的方法与步骤，所设计暖通空调与能源应用工程系统的设备性能等，工程设计规范、标准、设计手册的使用方法。

课程设计领域中的实践单元和知识技能点见表6-5。

课程设计领域中的实践单元和知识技能点 **表6-5**

序号	实践单元	知识技能点
1	空调、供暖与通风系统	掌握暖通空调系统的冷、热负荷计算；通风量的确定；空气处理过程方案；空气处理设备的选择、设计和校核计算；室内辐射末端装置选择、室内气流组织计算；风道布置与水力计算；空调通风机房布置；冷、热水系统方案设计、管路布置、水力计算与水力工况分析；供暖系统热力入口的设计；暖通空调系统的全年运行调节方案；消声隔振设计；施工图绘制
2	冷热源设备与系统	掌握冷热源的冷、热负荷的确定方法；冷热源方案设计；制冷剂、冷热媒的选定与参数计算；冷热源设备选型计算；冷却水系统设计选型；热力站换热器选择与设计计算；水处理系统设计；汽水系统设计；送引风系统设计；冷热源站房布置；冷热源系统的运行调节方案；消声隔振设计；施工图绘制
3	工业通风	掌握工业有害物负荷确定；控制工业有害物的通风方案；通风排气净化设备选择与计算；通风管道布置与计算；通风系统设备选择与计算；施工图绘制
4	燃气生产工艺	掌握小型LNG、LPG场站布置；气化设备换热计算；运行管理方案设计；主要设备选型计算；水力计算；施工图绘制
5	燃气输配	掌握燃气性质计算；区域燃气供应：用气量、调峰与储气计算；管网水力计算；室内燃气管道计算；调压器选型计算；施工图绘制
6	燃气燃烧应用	掌握燃烧器的功率确定；燃烧方式的选择；燃烧器设计计算；有关功能方面的考虑（大锅灶、工业炉、热水器等的不同需求）；自动控制系统的组成与选择；施工图绘制

注：1～3为暖通空调方向课程设计；4～6为城市燃气方向课程设计。提倡进行综合型课程设计。

2. 毕业设计

毕业设计是对学生进行本专业整个工程设计过程的系统训练。从方案设计、负荷计算、设备选择、运行控制、系统优化到施工图绘制等，涉及各个设计阶段。通过毕业设计，使学生系统掌握本专业工程设计的方法，训练学生综合、系统运用所学知识分析和解决工程问题的能力。毕业设计时间一般安排不少于10周。毕业设计的深度一般达到或接近施工图设计深度。毕业设计的基本要求为：

（1）掌握综合工程方案设计的方法；建筑负荷计算、设备选型、输配管路设计、能源供给量等的计算方法；工程图纸正确表达工程设计的方法。

（2）熟悉工程设计规范、标准、设计手册的使用方法；在对用户需求分析、资源分析、技术经济分析的基础上，能够进行方案论证选定，并做出运行调节方案。

（3）了解所设计暖通空调与能源应用工程系统的设备性能；所做工程设计的施工安装方法及所做工程的投资与效益。

在本专业学生的毕业教学环节中，可以安排学生完成毕业论文。通过毕业论文工作，培养和锻炼学生的科研能力。毕业论文的基本要求为：

（1）掌握科研论文的写作的基本方法和科研工作的基本方法；

（2）熟悉科研论文正确表达研究成果的方法；使用试验研究的仪器仪表、系统装置；研究中所使用的分析方法；表达试验研究成果的基础数据；

（3）了解所研究问题的技术背景和研究成果的用途。

毕业设计（或毕业论文）领域中的实践单元和知识技能点见表 6-6。

毕业设计（或毕业论文）领域中的实践单元和知识技能点　　表 6-6

序号	实践单元	知识技能点	
1	暖通空调方向	1	熟悉调查研究，收集资料的方法；熟悉本课题的目的、要求、意义；了解国内外发展水平，写出开题报告（开题报告要求另附）
		2	阅读中外文献，完成不少于 10000 字符的外文文献翻译
		3	掌握方案设计与论证方法：暖通空调系统与冷热源设计方案比较，确定经济合理、技术可行的设计方案，写出论证报告；暖通空调系统与冷热源全年运行调节与自动控制方案设计
		4	熟悉设计计算方法：包括负荷计算、风量计算、管路水力计算、阻力平衡计算、设备选型计算等
		5	熟悉图纸的绘制：AUTOCAD 绘图；完成暖通空调系统平面图、水系统平面图、剖面图、系统图、机房大样图、冷热源机房平面布置图、流程图等至少 8 张 A2 图纸
		6	掌握设计说明书的编写方法：按学位论文格式要求
2	城市燃气方向	1	熟悉开展调查研究，收集资料的方法。熟悉本课题的目的、要求、意义，了解国内外发展水平，写出开题报告（开题报告要求另附）
		2	阅读中外文献，完成不少于 10000 字符的外文文献翻译
		3	掌握方案设计与论证方法：比较和选择、论证设计方案，确定一个经济合理、技术可行的设计方案，写出方案论证报告
		4	熟悉输配系统的设计：包括燃气负荷计算、管网水力计算、调压器等设备的选型计算等；燃烧应用方面：包括燃烧器设计计算、测试设备选型等；气源方面：包括 LNG、LPG 场站内设备选择、工艺布置、运行管理等
		5	熟悉图纸的绘制：要求 AUTOCAD 绘图，输配方面：完成调压站平面图、管网水力计算图等至少 6 张 A2 图纸；应用方面：完成燃烧器总装图、炉窑工艺设计图、天然气汽车的燃气供应部分等至少 6 张 A2 图纸；气源方面：完成小型 LNG、LPG 气源站工艺平面图、设备图等至少 6 张 A2 图纸
		6	掌握设计说明书的编写方法：按学位论文格式要求
3	毕业论文（14 周）	1	掌握：选题背景与意义；研究内容及方法；国内外研究现状及发展概况
		2	掌握有关理论方法和计算工具以及实验手段，初步论述、探讨、揭示某一理论或技术问题，具有综合分析和总结的能力
		3	掌握给出主要研究结论与展望的方法，有一定的见解
		4	掌握毕业论文的写作方法：按学位论文格式要求

6.2.4 SIT 计划（国家大学生创新性实验计划）

SIT 计划是教育部近年来积极倡导的一项事件教学计划，它以学生为主体，以项目为载体，以兴趣驱动、自主实验、重在过程为原则，改革教学方法，推广研究性学习和个性化培养方式，调动学生学习的主动性、积极性和创造性，激发学生创新思维、创新意识以及参与创新的兴趣，培养学生团队协作能力和创新实践能力。SIT 计划实施时间一般是 1～2 年，学生利用课余时间进行，不另外单独安排教学时间。

此外，还有诸如大学生社会实践等实践环节，让学生接触社会、了解社会，锻炼观察能力、协作能力及沟通能力等。

6.2.5 其他综合训练

提倡和鼓励学生积极参加大学生课外科技创新活动和本专业组织的国际、国内大赛，充实学生掌握本专业知识体系的能力和提高专业素质。

本专业针对本科生高年级学生有两项重要大赛，即：对三年级学生有“人工环境工程学科奖学金”（简称“人环奖”）大赛（每年 5 月份初赛，同年暑假决赛），主要进行本专业主要的技术基础课程（建筑环境学、流体力学、传热学、工程热力学）竞赛；对四年级学生举办有“CAR-ASHRAE 学生设计竞赛”（设计时间为：第一学期 11 月底和第二学期），可以结合毕业设计进行，由竞赛组委会公布题目（为针对同一建筑的暖通空调同题设计竞赛），学生组队进行相应的暖通空调系统设计，在规定的时间内按规定的标准提交作品。

“人工环境工程学科奖学金”（简称“人环奖”）（http：//www. thrh. com. cn/rhj/）是由全国高等学校建筑环境与能源应用工程专业指导委员会和北京清华人工环境工程公司（现同方人工环境有限公司）共同策划发起，于 1992 年设立至今，每年举办。目的是激励青年学生的奋发进取精神，促进我国暖通行业的发展和进步，培育优秀的暖通人才，奖励立志在人工环境领域做出贡献的优秀在校大学生。“人环奖”是人工环境学科领域唯一的国家级奖学金，已经为一百多所院校的 1000 余名学生提供了奖励资金。

“CAR-ASHRAE 学生设计竞赛”（http：//car-ashrae. ehvacr. com/）是由中国制冷学会、美国 ASHRAE（供热、通风空调学会）、全国高等学校建筑环境与能源应用工程专业指导委员会共同主办，于 2009 年设立至今，每年举办。“CAR-ASHRAE 学生设计竞赛”为本专业另一重要的且最具权威的全国性学科竞赛，比赛旨在促进我国建筑环境与能源应用工程专业教学，提高本专业学生实际工程设计应用水平，促进国际交流。

思 考 题

1. 在整个大学学习期间，主要开设的实践课程（实践环节）有哪些？这些实践课程和实践环节在学习中发挥什么作用？

2. 本专业的主要专业基础课实验有哪些？专业课实验有哪些？试说明实验在掌握知识体系中的作用。

3. 本专业的主要设计环节有哪些？做好设计需要哪些条件？

4. 本专业设置的全国性竞赛有哪些？你是否要提早计划做好准备参加。

第7章　建筑环境与能源应用工程专业执业范围与执业制度

建筑环境与能源应用工程专业的毕业生可以执业的工作领域包括：工程设计、工程施工、设备系统运行管理、技术咨询服务、建设项目管理、空调供暖制冷设备的生产和研发、营销、教育、科学研究、投资开发、政策法规制定与管理等。以下重点介绍工程设计、施工以及系统的运行管理等内容。

7.1　工　程　设　计

工程设计是指在工程建造之前，设计者按照建造任务，把施工过程和使用过程中所存在或可能发生的问题，事先作好通盘的考虑，拟定好解决这些问题的方案、方法，用图纸和文件表达出来，作为备料、施工组织工作和各工种在建造工作中互相配合协作的共同依据，从而便于整个工程在预定的投资范围内，按照预定方案合理实施。

建筑环境与能源应用工程设计包括供暖工程设计、热网工程设计、空调工程设计、通风除尘工程设计、冷热源工程设计、冷库设计、室内给水排水工程设计、高层建筑防火防排烟设计，以及燃气工程设计。

7.1.1　供暖工程设计

冬季室外气温比较低，为满足人们工作和生活的要求，室内应设置供暖设施，以保持室内所要求的温度。供暖工程设计任务主要是确定供暖方案、系统构成和设备选型等。首先要确定室内外设计参数、供暖热媒种类及其设计参数，通过计算和分析建筑热负荷，选择合理的供暖系统形式和大小、散热设备种类型号和安装方式，并进行系统水力计算、管道确定和系统设备附件的选择计算，最后绘制施工图。

7.1.2　热网工程设计

热网是连接热源和热用户的室外管网，其作用是将热源产生的能量通过热媒安全、经济、有效地输送、分配给各热用户，满足其生产和生活需要。热网工程设计的主要任务是根据用户的需求确定热网的热媒种类、参数及用户与管网的连接方式；合理布置管网及管道敷设方式，通过管网水力平衡计算确定各管段的管径，并将热量按需求输送给各个用户。在热网工程设计中遇到最多的就是水力失调现象，如何避免管网水力失调、提高管网水力稳定性是热网工程设计需要解决的重要问题。

7.1.3　工业通风设计

所谓通风就是更换空气，用通风换气的方法改善室内空气环境，将室外新鲜空气经过处理送入室内，同时排除室内污浊空气，从而保证室内空气的新鲜和洁净程度。通风工程又分为工业通风和空气调节两部分。

工业通风的主要任务是控制生产过程中产生的粉尘、有害气体、高温高湿空气，创造良好的生产环境和保护大气环境。工业通风设计的主要任务是根据工艺特点选择通风方式；集气罩的设计；除尘系统的选择和设计；通风管道的设计等。

下面要讲的空气调节是更高级的通风形式，其作用主要是创造室内一定温度、湿度、风速和空气洁净度的空气环境。

7.1.4 空调工程设计

空调顾名思义就是空气调节，目的是通过处理过的空气送入室内对室内气候环境进行控制，使室内空气的温度、相对湿度、压力、洁净度和气流速度等保持在一定的范围内，以满足人们生活和生产等活动对室内气候条件要求的一项技术措施。广义的空调工程是包括通风和供暖工程，或者说空调技术是供暖和通风技术的进一步发展。空调工程设计包括设备选择、空调风系统和水系统设计。风系统设计的任务主要有确定空气处理方法，设计空气输送和分配系统；水系统设计的主要任务是冷冻/冷却水输配计算；制定运行调节方案。

净化空调是除去空气中的有害气体、灰尘颗粒、浮游离子等，达到洁净室所要求的洁净等级的净化设备。净化空调设计是针对空气洁净度有特殊要求的场合进行的空调设计，除了满足常规空调系统的要求外，还要特别控制空气中污染物的指标。

7.1.5 冷热源工程设计

冷源就是为用户制造及提供冷冻水的设施。冷源的设计任务是根据用户冷负荷确定冷水机组容量和台数，设计冷冻水输送系统，确定冷冻水泵，选择冷却塔，设计冷却水循环系统，确定冷却水泵，设计其他附属设备。

就一个供热系统而言，锅炉通常作为集中热源，通过燃烧煤、燃气或燃油制备热水(或高温蒸汽)，并通过热力管网输送给各个用户，以满足生产工艺或生活供暖等方面的需要，因此锅炉是供热热源。锅炉房设计包括燃料的选择，锅炉容量和台数的确定，给水设备和水处理设备及系统设计，汽水管道设计，烟道、鼓风机、引风机设计，燃料贮存和输送系统设计，除尘系统设计，监测控制仪表系统的设计，其他附件设计。

热泵技术是一种典型的冷热源工程。一般情况下，冬季热泵可以提供供暖和生活用热水，夏季可以作为冷水机组使用，实现一个机组同时作为冷源和热源。因此，热泵技术在我国的民用建筑中得到广泛应用。热泵系统的设计与一般空调冷水系统设计类似，根据用户冷、热负荷确定热泵机组容量和台数；设计热泵的冷凝器侧和蒸发器侧的水输送系统；确定相应的水泵型号和台数；设计其他附属设备。

7.1.6 冷库设计

冷库设计包括库容计算，库房布置，库房围护结构设计，冷负荷和冷却设备确定，气流组织和通风换气设计，制冷管道设计，制冰和储冰系统设计，制冷机房的供暖通风设计，地面防冻设计等。

7.1.7　室内给水排水工程设计

室内给水排水也称为建筑给水排水，其设计包括给水设计、排水设计、热水供应设计和设备选择计算等。

7.1.8　高层建筑防火防排烟设计

建筑物一旦发生火灾，消防系统就要为室内人员的逃生提供有利条件。在消防系统中本专业也要负责防火、防排烟设计。各类建筑都要划分防火、防烟分区，每个分区都要进行必要的控制。典型的控制形式有：楼梯间、前室的正压送风系统，内走道的排烟系统，室内的机械排烟、自然排烟系统，中庭排烟系统，地下车库防排烟系统等。例如楼梯间、前室正压送风系统中，送风风机与火灾报警装置连锁。当发生火灾时报警装置发出动作信号，风机启动向楼梯间和前室送风，使楼梯间和前室处于正压状态，并要求楼梯间正压大于前室正压。这样可形成“楼梯间一前室一逃生走廊”压力梯度，阻止火灾产生的烟气进入楼梯间，给人员安全逃生赢得时间。

7.2　施　工　安　装

施工安装技术是本专业的实践环节，每个工程项目由设计院提供设计施工图纸，而施工安装过程就是对设计内容的实际体现，在这过程之中也要求施工技术人员掌握本专业一

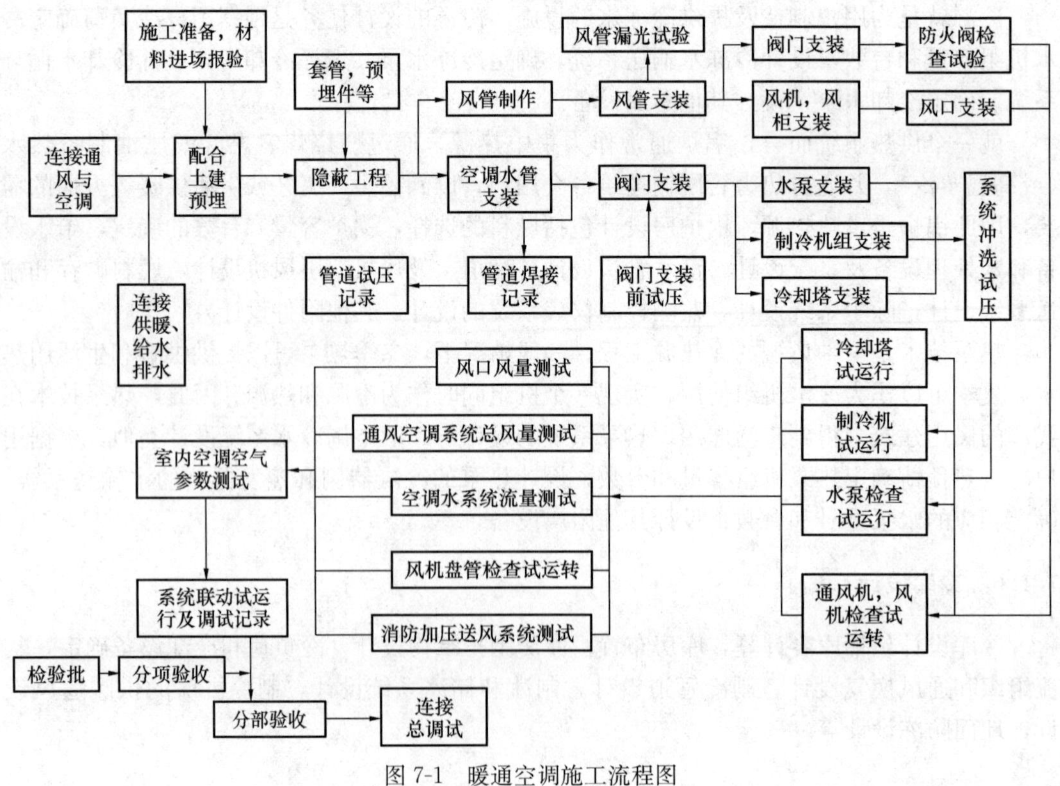

图 7-1　暖通空调施工流程图

定的知识。

随着生产力发展和科技进步及人民生活水平的提高，国民经济各个领域都离不开本专业技术的应用，并在经济建设中占有重要地位，已成为基本建设项目的重要组成部分。它必须经过施工安装才能形成工程设施，为生产和生活服务。而施工安装技术水平的高低和施工质量的好坏，又直接影响着设施的作用和工程的投资效益。这就要求从事暖通空调工程专业的人员具有较高专业理论知识和实践技能，不断地发展和提高本专业施工技术水平，以适应国民经济高速发展地需求。

施工安装工程包括：施工组织；工程概预算；非标准设备加工；设备、管道安装；保温、防腐；工程调试等。各个环节都要做到对设计内容的体现，以达到所要求的设计效果。暖通空调施工流程见图 7-1。

7.3 暖通空调系统运行维护管理

现代建筑物无论是商场、超市、大型办公楼、医院、剧场等民用建筑或是工业生产厂房、仓库等都会使用暖通空调系统，而这些系统中的各个设备部件的维护以及整个系统的运行都需要专人负责。而且这些系统的运行维护管理将贯穿于整个建筑的全寿命周期。

7.3.1 供暖系统运行管理

供暖系统在运行过程中，建筑物热负荷会随着室外气象条件的变化而变化，所以对热源的供热量也应进行相应的调节，目的在于使热用户散热设备的散热量与其热负荷的变化相适应。这种运行调节可以根据调节地点不同分为集中调节、局部调节和个别调节。集中调节在热源处进行；局部调节在用户引入口进行，如分户计量用户根据室温自行调节；个别调节在散热设备处进行，如手动或温控阀调节。

供热调节的目的就是根据供暖热负荷随室外温度的改变而变化对热源的供热量进行调节控制，以便维持供暖建筑物室内所要求的温度。在运行调节过程中，传统的调节方法是以系统的供回水温度和循环水量为调节依据，即根据供暖热负荷调节公式，按照室外气象条件来控制系统的供回水温度或流量，以满足建筑物室内温度的要求。采用上述调节方法是一种间接调控手段，系统在实际运行过程中难以操作，也不易达到按需供热的理想状态。

目前，我国供热体制改革推进供热计量热量商品化模式，为供热系统运行调节实行量化管理按热收费打下良好的基础。供热行业在运行管理供热调节能从根本上改变传统的温度调节管理模式，而采用热量计量仪表实行“热量调节法”实现科学的量化管理，从而能大大提高供热系统运行管理水平，使供热质量得到保障，同时还可以按需供热，降低能耗，节省运行成本。

1. 供暖系统运行管理节能

（1）供暖系统运行调节实行量化管理的主要任务是：根据室外气象条件及用户相应的热负荷，通过热计量监测计量仪器或计算机监控系统，对供暖系统进行温度、流量、热量、能耗等监测计量，按要求来控制系统的热负荷和所要求的供热量，从而保证用户室内温度。

（2）通过网络监管平台，在线监测运行参数，分析供暖系统的供热质量、供热能耗和供热能效等，计算实际供暖指标，分析技术经济效益指标，计算用热收费等。在保证供热质量的前提下，提高供热系统能效，节约能源消耗，减少污染排放。

2. 供暖系统运行节能措施

随着科学技术的发展和供热市场的需求，我国热量计量仪表和自动控制产品逐步形成了市场，从而为供暖系统实现供热调节提供了可靠保证。采用热量调节法是通过热量监测装置根据热用户的要求直接控制供热负荷和供热量。实行热量调节方法，需要在系统中安装流量计、供回水温度计和热量监测仪。在运行过程中，根据室外气象条件，给定每天供暖热负荷、累计供热量等，以便指导供热管理人员计量供热，按需调节。

对于锅炉供暖系统，优化运行主要调节控制锅炉负荷率与运行热效率、锅炉运行时间和供热效果和循环水量与动力电耗等关系。对于热力站供暖系统，二次管网的供热量在很大程度上取决于换热器的换热面积，可调节性差。由于普遍存在水力失调问题，调节二次管网的流量受到限制，调节流量在一定范围内变化对换热器的换热量影响不大，所以热力站也应采用热量调节法进行总量控制、分户调节。

为使供暖系统在运行过程中更好地保证供热质量，有效地提高能源利用率，使动力设备尽可能地在高效率状态下运行，使供热网路在良好的水力工况下运行。根据供暖系统现状，即现有设备、管道和建筑物类型和气候条件制定节能方案及相应的技术措施。

7.3.2　空调系统的运行管理

1. 空调系统运行监测

空调系统进入正常运行状态后，应按时进行下列项目的状态监测。

（1）动力设备的运行情况，包括风机、水泵、电动机的振动、润滑、传动、负荷电流、转速、声响等。

（2）喷水室、加热器、表冷器、蒸汽加湿器等运行情况。

（3）空气过滤器的工作状态（是否过脏，阻力过大）。

（4）空调系统冷、热源的供冷/热情况。

（5）制冷系统运行情况，包括制冷机、冷冻水泵、冷却水来、冷却塔及油泵等运行情况，以及冷却水、冷凝水温度等。

（6）空调运行中采用的运行调节方案是否合理，系统中各有关调节执行机构是否正常。

（7）控制系统中各个调节器、执行调节机构是否有异常现象。

（8）使用电加热器的空调系统，应注意电气保护装置是否安全可靠，动作是否灵活。

（9）空调处理装置及风系统是否有泄漏现象，对于吸入式空调系统，尤其应注意处于负压区的空气处理部分的漏风现象。

（10）空调处理装置内部积水、排水情况，喷水室系统中是否有泄漏、不畅等现象。

对上述各项监测内容，若发现异常应及时采取必要的措施进行处理，以保证空调系统正常工作。

2. 空调系统运行调节

空调系统运行管理中最重要的环节之一就是运行调节。在空调系统运行中进行调节的主要内容有：

（1）采用手动控制的加热器，应根据被加热后空气温度与要求的偏差进行调节，使其达到设计参数要求。

（2）对于变风量空调系统，在冬、夏季运行方案交换时，应及时对末端装置和控制系统中的夏、冬季转换开关进行运行方式转换。

（3）采用露点温度控制的空调系统，应根据室内外空气条件，对喷水室的供水温度、压力、水量、喷淋排数进行调节。

（4）根据运行工况，结合空调房间室内外空气参数情况应进行运行工况的转换，制定出空调系统运行过程中供热、供冷的时间。

（5）对于既采用蒸汽、热水加热，又采用电加热器作为补充热源的空调系统，应尽量减少电加热器的使用时间，以降低运行费用，减少由于电加热器长时间运行引发事故的可能性。

（6）根据主调房间内空气参数的实际情况，在允许的情况下应尽量减少排风量，以减少空调系统的能量损失。

（7）在能满足空调房间内工艺条件的前提下，应尽量降低室内的正静压值，以减少室内空气向外的渗透量，从而节少空调系统的能耗。

（8）空调系统在运行过程中，应尽可能地利用自然冷源，降低系统的运行成本。在冬季或夏季，可采用最小新风运行方式。而在过渡季节，当室外新风状态接近送风状态点时，应尽量使用最大新风或全部新风的运行方式，减少运行费用。

7.4 国内外执业注册的发展情况

7.4.1 执业注册的意义和作用

执业注册制度是指对于从事人民生命、财产和社会公共安全密切相关的从业人员实行资格管理的一种制度。《中华人民共和国建筑法》第 14 条规定："从事建筑活动的专业技术人员，应当依法取得相应的执业资格证书，并在执业证书许可的范围内从事建筑活动"。《建设工程质量管理条例》规定，注册执业人员因过错造成质量事故时，应接受相应的处理。

一般来说，执业注册包括专业教育、职业实践、资格考试和注册登记管理四个部分。专业教育和职业实践是执业注册制度的重要环节和组成部分，是执业注册制度建立的基础性工作，而执业注册制度是专业教育的原动力和要求所在，它促进了专业教育制度的建立和完善。

推行执业注册制度的思路是：执业资格的产生是社会主义市场经济条件下对人才评价的手段，是政府为保证经济有序发展，规范职业秩序而对事关社会公众利益、技术性强、有关键岗位的专业实行的人员准入控制。简言之，就是政府对从事某些专业人员提出的必须具备的条件，是专业人员独立执行业务，面向社会服务的一种资质条件。

随着我国经济社会的日益发展，越来越多的部门和行业协会在相关专业领域建立了执业注册制度。按照有利于经济发展、社会公认、国际可比、事关公共利益的原则，我国在涉及国家、人民生命财产安全的专业技术工作领域，积极稳妥、有步骤的推行专业技术人员执业注册制度。执业注册制度是国家对从事特定行业的专业人员实施管理的一种重要的事前控制手段，通过考试的专业人员获得从事某种特定行业的资格，是选拔人才的一种有效手段。实行这一制度，可以加快专业人员的管理制度走上规范化、市场化与法制化轨道，强化专业人员在市场经济环境中的行为主体地位，进一步明确其在保障国家财产、公众利益和人民生命安全方面的责任，提高工程技术人员的执业水平。

建立和推行执业资格制度，是适应社会主义市场经济体制变化的一项重要改革，是建设高素质专业技术队伍的一项重要措施。它体现了人才评价的客观公正原则，绝大多数资格都是通过严格的考试而获得的；它顺应了职称管理社会化的趋势，不再对评价对象进行严格的身份与范围限制。同时，它针对市场经济体制下政府管理模式的转变，通过法律制度，实行了个人资格与单位资格相结合的资质管理方式，规范了职业秩序与市场行为。在社会主义市场经济体制不断完善以及各行业人才市场运行机制逐步规范的情况下，这项制度的作用将更加明显。总体上来讲，执业注册的意义和作用可以归结为以下几个方面：

1. 执业注册制度是保护公众利益的需要

为保障人民生命和财产的安全、保护公众社会利益，必须实行注册制度以强化工程师的法律责任。建筑物的设计与建造需要具有一定专业知识和技能并由国家认可其职业资格的人员来进行。当前世界上大多数国家对从事涉及公众生命和财产安全，保护公众社会利益的职业，如医生、律师、建筑师、土木工程师等职业都制定了严格的资格审查制度、注册制度和相应的管理制度，其中对建筑师、土木工程师实行注册已成为一种国际惯例。获准注册的工程师才能负责设计工作的关键岗位，并承担相应的法律责任。这对于改变目前我国处理工程事故以及解决由工程设计引起的民事纠纷无法可依的状况，促进设计工作的法制化、科学化，从而确保设计质量，更好地保障人民生命和财产安全、保护公众社会利益都将起到重要的作用。同时，这也相应地提高了注册工程师的社会地位。

2. 执业注册制度是深化设计管理体制改革的需要

当前我国工程设计资格管理实行的是单位资格，主要是依照具有某种等级技术职称的人员数量来判定，这种办法设计人员的设计能力与水平缺乏定量、有效的评定。实行单位设计资格与个人注册资格的有机结合，便于对一个单位的资格做出更全面、准确的评定。由注册工程师负责本单位设计工作的关键岗位，将有利于提高建筑设计的质量与水平。通过颁布注册法规，对注册工程师的权力、义务与责任做出明确的规定，使我国建筑设计管理工作逐步走上规范化、法制化的轨道。

3. 执业注册制度是对外开放和适应国际设计市场变化的需要

随着改革开放的不断推进，我国和国外设计同行的业务往来与日俱增。特别是我国加入WTO以后，迫切需要建立和完善符合国际通行做法的专业技术人员执业资格制度，为参与国际竞争创造条件。为使我国设计行业尽快适应改革开放和国际设计市场的变化，必须在实行注册制度的各个环节上尽可能向国际惯用的体制靠拢，使我国能尽早跻身于各国相互承认注册资格的行列中，为我国工程设计走向世界创造必要的条件。与此同时，在对等条件下，将外国建筑技术人员和先进的建筑技术引入中国的建设市场，进一步扩大对外开放，推动我国工程设计水平的提高。

4. 执业注册制度是不断提高设计人员业务水平和队伍整体素质的一种激励机制

设计工作在经济与社会发展中的重要地位决定了这支队伍必须具备良好的人员素质，而从业前的专业技术教育，从业后的工程实践和继续教育是提高设计人员业务素质的主要途径。随着建设市场的全面开放，国外相关企业进入国内市场，加剧了国内的行业竞争，这对国内企业的生存与发展提出了严峻的考验。市场的竞争最终体现为人才的竞争，没有一批高素质的人才队伍，就不可能有强有力的竞争力。改革开放以来，经过多年的实践与培养，我国从业人员的业务水平得到了提高，但离市场要求尚有一定的距离。要改变这种现状，就必须实行准入制度，建立起适应人才市场竞争，提高专业人员技术水平和执业能力。通过优胜劣汰机制，不断提升工程技术人员队伍的整体水平。

实行执业注册制度的基础环节是对大学本科教育进行严格的评估，保证毕业生的培养质量。毕业生从事设计工作后，要接受设计全过程的实践训练，并通过注册考试方能取得注册资格，在设计工作中担任一定的职务，在设计岗位上享有相应的权力和注册工程师的待遇并承担相应的责任。执业资格证书代表个人的品牌与成就，是个人知识能力以及水平得到社会公认的证明书。注册资格考试除要求技术人员掌握本专业的知识、技能外，还要熟悉了解相关专业的基本理论和常识，熟悉工程建设有关的行政、技术法规与规范标准。注册不是终身制，故要求注册工程师不断更新知识，提高业务水平，使其技术水平和从业能力始终保持在一个较高层次上。这对提高设计人员业务水平和队伍整体素质无疑是一个有效的激励机制。

5. 执业注册制度有利于促进高等学校本科专业教学质量的提高

中国专业教育评估是随着执业注册考试制度的启动而开始执行的。专业教育评估是执业注册考试制度的前提条件和基础，这有利于保证执业注册师在接受正规系统的专业教育时必须达到的专业理论和职业能力。专业教育评估作为执业资格考试制度的重要组成部分，有力地推动了高校的专业建设，促进了办学水平和人才培养质量的提高。专业教育评估是针对行业性工程教育的特点，由国家行业性评估机构对高校某专业的办学条件、教学过程、教学成果进行的专项评价，是国家执业注册考试制度的重要组成部分，目的是保证专业教育质量达到执业实践的要求。执业资格考试制度的实施，不但明确了专业人员应具备的条件，而且能促进我国教育界与工程界有机结合。

高等学历教育环节中引入专业执业资格考试，便于学生在校期间有重点有选择的汲取知识，打好工程执业的基础。相关专业院校应积极研究行业执业注册制度的特点和要求，并以此为参考确立合理的专业培养目标和培养计划，推动课程体系、教学内容与教学方法的改革，强化实践环节与技能掌握要求，以确保高校紧紧围绕市场，为社会培养具有较高执业素质和创新精神的合格人才。

总之，执业注册制度为我国工程技术人员个人的执业资格确立了符合国际惯例的规格、标准及严格的认证程序，它的建立和实施，必将进一步推动人才的社会化、市场化和国际化的进程，为我国市场经济的可持续发展提供更加规范的人才保障，从而更好地维护国家和社会的公共利益。

公用设备工程师（暖通空调）执业注册基础考试包含 15 门课程，即：高等数学、普通物理、普通化学、理论力学、材料力学、流体力学、计算机应用基础、电工电子技术、工程经济、热工学（工程热力学、传热学）、工程流体力学及泵与风机、自动控制、机械基础、职业法规。

执业注册专业考试包含 7 门课程，即：总则、采暖（含小区供热设备和热网）、通风、空气调节、制冷技术、空气洁净技术、民用建筑房屋卫生设备。

有关知识体系汇总表见表 7-1 和表 7-2。

执业注册基础考试大纲知识体系汇总表　　　表 7-1

知识领域		知识单元	知识点
1	高等数学	8	41
2	普通物理	3	41
3	普通化学	6	51
4	理论力学	3	61
5	材料力学	8	30
6	流体力学	9	12
7	计算机应用基础	3	21
8	电工电子技术	9	24
9	工程经济	5	41
10	热工学（工程热力学、传热学）	20	130
11	工程流体力学及泵与风机	7	34
12	自动控制	6	25
13	热工测试基础	9	80
14	机械基础	10	23
15	职业法规	10	0

执业注册专业考试大纲知识体系汇总表　　　表 7-2

<table>
<tr><th>知识体系</th><th colspan="2">知识领域</th><th>知识单元</th><th>知识点</th></tr>
<tr><td rowspan="7">专业技术知识体系</td><td>1</td><td>总则</td><td>12</td><td>29</td></tr>
<tr><td>2</td><td>采暖（含小区供热设备和热网）</td><td>8</td><td>23</td></tr>
<tr><td>3</td><td>通风</td><td>7</td><td>19</td></tr>
<tr><td>4</td><td>空调技术</td><td>11</td><td>25</td></tr>
<tr><td>5</td><td>制冷技术</td><td>7</td><td>18</td></tr>
<tr><td>6</td><td>空气洁净技术</td><td>4</td><td>9</td></tr>
<tr><td>7</td><td>民用建筑房屋卫生设备</td><td>3</td><td>3</td></tr>
<tr><td rowspan="2">专业工具（规范、规程、标准类和设计手册）知识体系</td><td colspan="2">规范、规程、标准类</td><td colspan="2">51</td></tr>
<tr><td colspan="2">设计手册类</td><td colspan="2">4</td></tr>
</table>

7.4.2 国外执业注册的概况

国外大多数国家，大都实行执业资格制度，实施对专业人员依法管理已是国际惯例。通过法律规定、注册机构管理、执业资格标准为核心的制度架构和运作模式已越来越普遍，并且得到了世界各国和地区的接受与认同。在市场经济发达的国家、地区，对涉及公众生命和财产安全的职业实行注册制度已有150多年的历史，形成了一套完整的法律体系和管理体系。如美国、英国、加拿大、日本等国家都建立了注册建筑师、注册工程师等执业资格制度，并形成了严格的考试、注册及执业的管理制度。

1. 美国的执业注册制度情况

美国没有全国统一的建筑师注册法，而是各州有立法权，根据自身的情况制定本州的建筑师注册法，成立考试、注册机构实施建筑师注册工作。1920年美国在各州考试、注册机构的基础上成立了全美建筑师注册委员会，制定建筑师注册标准、组织全美建筑师注册考试和颁发资格证书。尽管全美建筑师注册委员会开展注册工作已有几十年了，但各州开展建筑师注册的历史要远远早于此。

代表美国职业化工作的是美国国家勘察设计考试者理事会（NCEES），在全美国设有4个大区70个注册局。美国的注册工程师考试分为基础知识（FE）考试和实践知识（PE）考试，NCEES负责提出考试大纲、征集并组织考题、建立题库、评阅考卷、评分等。考生除通过大学正常的毕业考试并获得学士学位外，还必须通过NCEES组织的基础考试。实践考试一般在工作2～4年后参加（各州不同）。考试每年举行两次（4月和10月），考试试卷全国统一，由NCEES统一命题，各州自行决定考试及格分数线及通过考试的比例。基础考试为闭卷考试，实践考试采用开卷方式。考试题库中的题目是由已取得执业工程师资格的志愿者提供的，他们义务对题目进行讨论、筛选。此项工作由NCEES组织。

有关注册工程师的法律、法规各州自定。但全国一致的规定是取得注册工程师资格必须具备3Es：

（1）EDUCATION（取得学士学位并通过NCEES的基础考试）；

（2）EXPERIENCE（实践，年限各州不同，加州为两年，纽约州为4年）；

（3）EXAMINATION（通过NCEES的实践考试）。

美国对注册工程师范围介绍中认为做工程设计的工程师需要注册，涉及公共设施建设（如建筑大楼等）的工程师，包括施工、安装等方面工程师也需要注册。操作、运行的工程师和制造行业的工程师另有要求，不在此类注册许可之列。全美国工程师中，约有20%的注册工程师。NCEES不组织考前学习，申请者是在已经取得执业资格的工程师的辅导下进行专业技能的学习。

2. 英国的执业注册制度情况

英国的注册制度有学会会员注册和法律规定的注册机构注册两种，它们相互关联但并不相同。在英国，学会的历史较长，一般为皇家特许，因此学会的地位与作用也较大。学会有法律认可的章程和规则，实行自律管理，制定学会的会员标准、组织会员资格考试、会员注册管理等。另一种注册形式是由注册机构实施的注册，它是基于学会会员注册的基础，以1931年颁布的英国建筑师（注册）法为依据开展注册的，且由学会会员注册转变为注册机构注册是要增加一定条件的（如补充测试），只有在注册机构注册，才能使用“建筑师”称谓。

英国中央政府主管工程建设的主管部门是英国环境、交通及区域部（DETR，Department of Environment，Transportand Regions）。该部于1997年6月由英国原环境部与交通部合并而成，下设一系列局（或司）、政府办公室、代理机构（Agency）、非部属公共机构等，其建设局（Directorate of Construction）负责建筑业的管理。建设局的主要职能是促进建设活动的质量和经济效益，提供建筑生产方法和提高建筑生产活动的现代化水平。同时，为了提高建筑业从业人员的素质，建设局还负责制定培训计划。

英国政府对建筑业的许多微观管理是由各种形式的行业协会组织实施的，有“小政府、大协会”之称。这些行业协会一般都具有相当规模的组织机构，稳定可观的经济收入，有些行业协会组织规模比政府主管部门还要庞大，在建筑业微观事务管理中起到举足轻重的作用。各种形式的行业协会是代表着企业的各种利益，积极参与政策和城市建设管理的决策过程，努力谋求同政党和其他社会团体开展对话，在城市建设管理事务中发挥着独特作用。

英国的各种建筑业专业化组织（学会）也起着很重要的作用，它们是民间的社团法人，有固定的组织机构，在经济上不以营利为目的，主要依靠向会员收取会费及提供咨询服务的收入来维持开支，他们的分支机构遍布世界各地，广泛吸收世界各地的专业人士入会。英国的一些学会经常制定并出版一些合同文件，如英国土木工程师学会出版的“新工程合同”（NEC）。

英国政府不负责人员的资质管理，而由各种协会、学会负责进行人员资质评定。英国的建筑师执业注册制度发展较早，其建筑业协会和学会的发展较为完善，对世界各国协会组织模式的影响也最大。英国建筑业领域内的许多学会如建筑师学会、土木工程师学会、结构工程师学会、特许建造师学会和特许测量师学会等，均在世界范围内发展会员，这些协会、学会负责对从事建筑活动人员资质进行评定，其影响力已经远远超出了英国国界。

在英国建筑行业中，有七个被授予皇家特许的学会，它们是：英国皇家测量师学会、土木工程师学会、英国皇家特许建造师学会、英国皇家建筑师学会、结构工程师学会、建筑设备工程师学会和英国皇家规划师学会。在英国的许多学会、协会中，只有这七个被冠以“皇家”的称号，而若被授予“皇家”的特许，就意味着它在该行业中是最高等级的学会或协会，受到英国政府的重视。这些学会涉及房地产、造价工程、土木工程、建设项目管理、结构工程、建筑设计、规划等不同的专业领域，对建筑业的发展起着重要的作用。它们不仅对建筑业进行管理，还制定本行业各种规范，参与政府制定建筑业的有关行业法规。

英国法规体系中最高层次的是“法”（Acts），它具有最高的法律效力，由议会审批。第二个层次是规则（Regulation），在规则层次上还有不同的分类。第三个层次是标准和规范。与建筑有关的部分现行法有：建筑法1984（Building Act1984）、房屋法1996（The Housing Act1996）和建造法1998（Construction Act1998）。

3. 日本的执业注册制度情况

日本注册工程师定义为：从事提供计划、研究、设计、分析、测试、评估和指导等科学与技术服务的专业活动的工程师。现行的日本注册工程师制度虽然已经实行了多年，但是与世界上主要发达国家目前实行的制度相比不完全一致。日本的注册工程师制度始于1951年，当时成立了日本注册工程师协会，日文为“日本技术士会”；1957年，“注册工程师法”开始实施；1958年首次进行注册工程师考试；1983年注册工程师法第一次修订；1984年，日本注册工程师协会被授权管理注册工程师考试和注册工作。

根据1950年5月24日公布的日本《建筑士法》的规定，日本建筑师分为一级建筑师、二级建筑师和木结构建筑师。一级建筑师是指取得了建设大臣颁发的执照，并用一级建筑师名义从事设计、工程监理等业务的工程技术人员。二级建筑师是指取得了都道府县（广域的地方公共团体）知事颁发的执照，并用二级注册建筑师名义从事设计、工程监理等业务的工程技术人员。木结构建筑师是指取得了都道府县知事颁发的执照，并用木结构建筑师名义从事设计、工程监理等业务的工程技术人员。日本上述三种建筑师在考试、注册、执业三个方面均有所不同。日本建筑师（含三类）共有约80万人，其中一级建筑师有26万人（指从注册开始计人数），目前正在从事设计工作的一级建筑师有10万～15万人。

由于日本的建筑教育体制与中国、欧美国家不同，建筑类高等教育中，建筑与结构两种专业是不分的。因此，在日本房屋建筑设计和房屋结构设计均由建筑师来承担，也就是说，日本建筑师既可以从事房屋建筑设计，也可以从事房屋结构设计，这与我国房屋建筑设计由注册建筑师承担、房屋结构设计由注册结构工程师承担有很大不同。日本建筑师注册制度与结构工程师注册制度是合一的。

在日本，建筑师除了从事设计和工程监理以外，还可以从事有关建筑工程合同事务、建筑工程的指导监督、有关建筑物的调查、鉴定以及按照有关规定从事代理业务，但木结构建筑师仅限于有关木结构建筑物的业务。建筑师的执业机构是建筑师事务所。建筑师执业，必须加入经过登记的建筑师事务所。

日本十分重视建筑师、工程师的立法工作，有十分完备的建筑师、工程师法律体系，并且真正做到严格依法办事。日本于1950年5月24日，颁布实施了《建筑士法》，并根据实际情况变化进行修改。与《建筑士法》相配套，日本制定了《建筑士法施行令》（1950年6月22日政令201号）、《建筑士法施行规则》（1950年10月31日建设省令第38号）等法规。日本于1973年制定了《技术士法》，与之配套又制定了《技术士法施行令》（1973年）、《技术士法施行规则》（1974年）、《技术士审议会令》等法规。几十年来，日本正是根据这些法规，不断健全和完善日本建筑师、技术师的注册制度。

日本在对建筑师、工程师资格的确认过程中，重视学历教育，但更注重其实践经验。例如：建设大臣确认与一级建筑师考试资格条例同等的知识和技能的人员，可以参加一级建筑师考试；没有学历，有7年以上实践经验者，可以参加二级建筑师考试；没有学历，有7年以上实践经验者，可以参加专业技术考试。日本《建筑士法》、《技术士法》明确规定，建筑师、技术师的考试、注册、执业等管理，是政府主管部门的职责，对考试等具体事务可以委托财团法人、社团法人实施，注意发挥它们的作用但必须接受政府主管部门的监督检查。日本这种既明确政府的职责，又要发挥事业单位、社会团体作用的做法值得中国借鉴。

7.4.3　我国执业注册的发展概况

我国执业资格制度的探索始于20世纪80年代末。根据当时国内、国际形势的发展，一方面，随着各国经贸活动的相互渗透，促进了职业工程师活动国际化进程的开展。另一方面，随着我国社会主义市场经济的不断完善，勘察设计行业改革的不断深化，设计队伍的急速增长，客观上对人员的素质有了更高的要求。这些都为我们建立注册制度提供了机遇。随着改革开放步伐的加快，为规范市场秩序，保证工程质量，同时也为了推动我国建设行业走向国际市场和引进外资项目，住房和城乡建设部决定按照国际惯例在工程监理、建筑社稷等领域建立工程师和建筑师执业资格注册制度。1992年6月以部令的形式颁布了《监理工程师资格考试和注册试行办法》，拉开了推行执业资格注册制度的序幕。1993年11月，党的十四届三中全会决定建立社会主义市场经济体制，在会议通过的《中共中央关于建立社会主义市场经济体制若干问题的决定》中指出："要制订各种职业的资格标准和录用标准，实行学历文凭和职业资格两种证书制度"。根据这一要求，人事部按照国务院的部署，把建立和推行专业技术人员执业注册制度作为一项重点工作，并作为深化职称改革工作的一项重要内容，有计划、有步骤的组织实施了各类执业注册制度。1994年9月，人事部与劳动部共同协商，联合下发了有关实施执业注册制度的分工意见，并经国务院批准，把管理专业技术执业注册制度作为人事部的一项职能任务。

在国家正式提出建立执业注册制度以后，建设行业执业注册制度建立工作进入了较快的发展时期。1993年住房和城乡建设部与人事部联合认定了一批注册房地产估价师，根据《房地产估价师执业资格制度暂行规定》和《房地产估价师执业资格考试实施办法》文件精神，从1995年起，国家开始实施注册房地产估价师执业注册制度，资格考试工作从1995年开始实施。

1994年9月，住房和城乡建设部、人事部下发了《建设部、人事部关于建立注册建筑师制度及有关工作的通知》，决定在我国实行注册建筑师制度，并成立了全国注册建筑师管理委员会。1995年国务院颁发了《中华人民共和国注册建筑师条例》，它标志着中国注册建筑师制度的正式建立。1996年住房和城乡建设部下发了《中华人民共和国注册建筑师条例实施细则》，注册建筑师制度已于1995年在全国推行，第一批注册建筑师于1997年开始执业。

1997年9月1日，人事部、住房和城乡建设部联合颁布了《注册结构工程师执业资格制度暂行规定》，同时，《全国一级注册结构工程师资格考试大纲》也于1997年9月15日正式颁布实施。从1997年起，决定在我国实行注册结构工程师执业资格制度，并成立了全国注册结构工程师管理委员会，明确指出我国勘察设计行业将实行注册结构工程师执业资格制度，同年12月举行了首届全国一级注册结构工程师资格考试。1998年全国注册工程师管理委员会（结构）颁布了二级注册结构工程师资格考试大纲，1999年3月举行了二级注册结构工程师资格试点考试，2000年举行了全国范围内的正式考试。

2001年12月，人事部、国家发展计划委员会下发了《人事部、国家发展计划委员会关于印发〈注册咨询工程师（投资）执业资格制度暂行规定〉和〈注册咨询工程师（投资）执业资格考试实施办法〉的通知》，从2001年12月12日起，国家开始实施注册咨询工程师（投资）执业资格制度。

2003年3月，人事部、住房和城乡建设部颁布了《关于印发（注册公用设备工程师执业资格制度暂行规定）、（注册公用设备工程师执业资格考试实施办法）和（注册公用设备工程师执业资格考核认定办法）的通知》（人发［2003］24号），国家对从事公用设备（暖通空调、给排水、动力）专业性工程设计活动的专业技术人员实行执业资格注册管理制度。考试工作由人事部、住房和城乡建设部共同负责，日常工作由全国勘察设计注册工程师管理委员会和全国勘察设计工程师公用设备专业管理委员会承担，具体考务工作委托人事部人事考试中心组织实施。2005年开始，注册公用设备工程师的执业资格考试在我国开始展开。同时，注册化工工程师、注册电气工程师的执业资格考试也开始举行。

在我国3000万专业技术人员中，约有20%的人员通过考试取得了相应的资格。随着执业注册制度的推行，要求先通过考试取得执业资格，而后才有上岗机会的岗位越来越多。近二十年来，我国在执业注册制度方面探索出一些有益于执业注册制度发展的经验。进入21世纪以来，工作有了新的进展。中国工程院完成了“关于在我国推行注册工程师制度的研究”，并向国务院科教领导小组提出建议，得到了肯定和采纳。

7.5 执业注册的机构体系

7.5.1 人事部系统执业注册管理

人事部主要负责完善职业技能资格制度，组织拟定职业分类、职业技能国家标准和行业标准，拟定专业技术人员管理和继续教育政策。在考试方面，执业注册的具体考务工作委托人事部人事考试中心组织实施。人事部负责组织有关专家审定考试科目、考试大纲和试题、会同住房和城乡建设部对考试进行检查、监督和指导，并负责组织或授权组织实施考务组织管理、考试信息的采集及数据处理，指导和协调地方实施考试等工作。在注册工作方面，各级人事部门对执业注册情况有检查、监督的责任。

人事部考试中心下设有7个主要的机构。它们分别是办公室、研究与发展处、命题处、考务处、信息技术处、公务员考试与人才测评处以及培训与教材发行处。其中，研究与发展处主要负责有关专业技术资格考试大纲、考试用书的编写及命题组织、试卷设计、试卷终审与校对工作，承担主观性试题阅卷标准的制定工作，负责资格考试试题试卷分析、题库建设等有关工作，开展资格考试的命题研究和有关专业技术资格考试专家委员会的具体工作；命题处主要负责专业技术资格考试和有关考试的考务管理工作，负责资格考试考务信息的汇总、常规统计分析工作和考务信息的开发、管理，提出考试合格标准的建议，管理有关考试业务数据，建立考务规章及技术规范，监督检查考风考纪，负责资格考试试卷的承印、管理等工作；考务处主要负责专业技术资格考试和有关考试的考务管理工作，负责资格考试考务信息的汇总、常规统计分析工作和考务信息的开发、管理，提出考试合格标准的建议，管理有关考试业务数据，建立考务规章及技术规范，监督检查考风考纪，负责资格考试试卷的印制、管理等工作；信息技术处主要负责专业技术人员资格电子化考试的软件需求、开发、使用与管理，承办专业技术人员电子化考试的组织实施，负责人事考试网络建设及信息的管理、更新和安全，负责拟定设备配置方案、协调设备的购置、维护和管理等工作；培训与教材发行处主要负责组织有关资格考试的大纲、考试用书和辅导教材的征订和发行，监督、检查有关出版、发行工作，负责制定培训规划和组织实施有关培训。

7.5.2　住房和城乡建设部系统专业工作

住房和城乡建设部主要负责专业技术职称标准和执业资格的管理工作。在考试工作方面，住房和城乡建设部负责组织有关专家编制考试大纲、编写培训教材和组织命题工作，统一规划并组织考前培训等有关工作。在注册工作方面，住房和城乡建设部及各省、自治区、直辖市规划行政主管部门负责执业注册登记工作。

具体的讲，住房和城乡建设部负责组织一支结构年龄合理、专业覆盖面广、专业水平高、责任心强的专家队伍，依靠这支专家队伍，实施执业注册考试的命题工作。同时，对执业注册考试大纲进行修订，并组织专家编写执业注册资格考试的参考教材，方便考生复习，正确引导考生参加考试。在考试命题工作中，专家组以考试大纲为依据，以职业实践紧密结合及强化能力测试为命题原则，保证注册考试的考用一致性。试题设计突出考查应试人员对相关政策及法律法规、规范的理解力和专业知识及相关知识的熟悉掌握能力，考查应试人员的实践能力。在注册登记管理工作方面，住房和城乡建设部与有关部门取得共识后，提出了“先注册、后执业、两步走”的方案。并且明确符合注册登记的申请条件。

所有申报注册或登记的人员均可在指定的网站上下载个人版申报软件，进行个人注册登记信息的录入、整理并生成数据包，然后按申报程序报送所属地区省级管理机构，各省级管理机构按“管理规程”要求对申报材料进行审查汇总，报国家注册管理机构。

住房和城乡建设部还部署落实执业资格注册人员的继续教育管理工作。其目的是为了使执业资格注册人员能够适应其所从事的领域发展的需要，及时了解和掌握国内外在设计、研究、技术管理等方面的动态，使执业资格注册人员的知识和技能不断得到更新、补充、扩展和提高，以完善其知识结构。

7.5.3　国际互认问题

根据世界贸易组织服务总协议规定，各成员要开放本国或本地区建筑市场，开展资格互认，促进工程师流动。随着经济全球化的进程和影响，世界各国或各组织已越来越多地注重和开展资格互认工作。各国专业组织及地区之间开展注册人员标准制定、资格互认已成为国际工程服务领域的一种趋势，如美国、加拿大、英国在建筑师标准方面达成了互认；又如结构工程师学会（英国）与澳大利亚工程师学会、香港工程师学会结构专业达成了互认。我国也与英国结构工程师学会、香港建筑师学会和香港工程师学会开展了资格互认。在国际或地区间开展资格互认比较有影响的组织与协议有：

（1）华盛顿协议。侧重于各成员在教育标准和工程学位方面的互认，已有 9 个成员加入了华盛顿协议：英国、爱尔兰、南非、澳大利亚、新西兰、中国香港、加拿大、美国和日本。

（2）工程师流动论坛。促进成员间工程师流动，为成员提供专业资格互认，已有英国、爱尔兰、南非、澳大利亚、新西兰、中国香港、加拿大、美国、日本、韩国和马来西亚 11 个成员加入了工程师流动论坛。

（3）亚太经合组织工程师项目。促进亚太经合组织成员间工程师流动，为成员提供专业资格互认，已加入的经济体成员有澳大利亚、新西兰、中国香港、加拿大、美国、日本、韩国、泰国和马来西亚。

(4) 亚太经合组织建筑师项目。与亚太经合组织工程师项目类似，建筑师项目于2000年启动以来，经过5年的努力，在建筑师标准、机构设立、评估与实施规则等方面已达成共识，并有12个经济体加入（详细情况参见本文集的亚太经合组织建筑师项目简介）。

(5) 正在筹划的欧盟工程师标准框架。

在美国、加拿大，专业人员符合注册建筑师或注册工程师条件并取得全国资格证书后，即可申请注册。美国和加拿大的执业资格确认和注册管理是在各州或省的注册委员会，不存在全国性通用的注册许可证，在一个州执业得到注册，到另一个州去执业需要再得到另一个州的注册。美国注册建筑师在各州办理资格确认和注册时，除出示全国资格证书外，还要根据各州的建筑师资格与执业法，进行特殊要求（本州规定）的考试，注册的有效期也不同，一般为1～2年。美国允许注册人员个人承接任务，承接任务时须签订合同，技术文件须有注册人员签字，非注册人员不能承接任务。美国允许外国建筑师在本国承接任务，同本国建筑师要求一样，外国建筑师首先应取得美国全国委员会资格证书，再到各州注册。注册时，还要根据各州的规定，通过本州的特定考试，取得由州颁发的注册许可后，才可承接任务。美国对未取得资格的人员进入市场是有限制的，只允许他们作设计顾问等。

根据香港建筑师注册条例和工程师注册条例，注册机构接受的注册条件为：香港学会的正会员标准（香港学会会员或经注册机构评估考试、训练、经验等方面符合学会标准者），在香港有一年的专业经验，并通常居于香港2年以上。由注册人员成为认可人士（AP）还要加试面试。香港没有规定只有注册人员才能承接工程，因此，注册人员与非注册人员均可承接任务。

不论是采用“注册人员称谓和执业实践”法律保护的国家，还是采用“注册人员称谓保护”法律保护的国家，对外来专业人员进入本国市场的做法大致为：

(1) 外来专业人员通过本国注册机构取得资格并完成注册的，可以作为本国注册人员进入市场执业。

(2) 外来专业人员未取得本国注册机构认可资格和注册的，只能作为顾问与本国注册人员进行合作，项目要由本国注册人员负责。

外来专业人员在取得本国注册人员资格并注册时，一般遇到的技术资格障碍和注册障碍主要有：

(1) 对于北美模式，国外的专业技术人员，如果没有取得美方认可的教育学历和实践训练经历，一般是不能参加注册考试的，因而也就无法取得资格证书进行注册、执业。

(2) 对于英联邦制模式，国外的专业技术人员，如果没有取得学会认可的教育学历、实践训练经历，没有参加会员考试成为学会会员，要在注册机构取得注册是十分困难的。

(3) 在取得本国资格后，如进行注册，注册机构一般还要增加一些其他条件，如：增加为进行注册的补充测试，要求在本国有工作许可和居住许可，要求有本国工作经验等。

我国注册师与国际的资格互认尚处于起步阶段。近年来，我们同国外建筑师与工程师组织进行了广泛的交流与合作，在开展资格互认方面既是积极的，又是谨慎的。主要采取了对教育、实践、考试三个标准方面的评估与互认的做法，主要原则是：在对等的条件下，三项标准基本一致的可开展互认；三项标准存在差异的，采取补充措施的也可开展互认；三项标准差异较大的不开展互认。

根据上述原则与规定，我国在注册建筑师方面与美国注册建筑师开展了资格互认工作，双方自1999年签订合作协议和认同书以来，已于2000年底完成了双方教育标准、实践培训标准的评估和互认，拟在考试标准完成评估和互认后，双方实现注册建筑师执业资格互认。在注册结构工程师方面，我们于1997年与英国结构工程师学会签署了互认协议，并已进行了四次补充测试，中方已有101人，英方已有75人分别取得对方的执业资格；于2004年与香港建筑师学会、香港工程师学会签署了资格互认协议，开展了互认工作。

总的来说，执业资格的互认已是国际通行的做法，它是在对方国家执业的先决条件。资格互认也是世界贸易组织服务总协议的范围之一。这对我国建筑师、工程师进入国外市场也起到了积极作用，受到了广大专业人士的支持。

国际的资格互认并不等于可以直接进入对方市场，各国都相应采取一些保护措施。在市场准入条件限制方面，世界贸易组织服务总协议允许以专业资格为准入条件，但不能以国籍、居住、语言和高于本国或地区的专业资格条件来限制。中国是世界贸易组织成员，我国已做出相应承诺，资格互认和市场准入管理已不容拖延。

按照世贸组织原则，在开放市场后的准入管理方面，应设置好三道门槛：

（1）资格认可。要坚持对等原则，把握好教育评估、职业实践和资格考试三方面标准，同时适当增加必要的标准规范培训测试和人员数量限制，以保证认可人员质量。

（2）注册管理。对取得资格认可的外国人按照我国的注册管理和程序要求进行注册。借鉴国外经验，这一门槛应设得高一些，例如要求必须受聘于一个在我国境内工商注册并取得工程勘察设计资质的设计单位符合注册条件；要求在我国从事本专业实践年限；要求对我国相关法律法规和标准规范的熟悉程度等。获得注册许可后允许执业或开业，对申请个人开业或成立事务所的，按我国有关法律先办理单位工商登记后，再办理个人注册。

（3）执业管理。对在我国境内的外国执业人员，要严格执行我国勘察设计行业管理规定、遵守职业道德、满足继续教育等，对违反有关规定的将给予必要的处罚或取消注册。按照世贸组织原则，加紧制订和完善市场准入的法律法规体系，形成建筑市场既开放又不易进入的格局，以应对经济全球化的挑战。

综上所述，进行资格互认不等于取得注册许可和进入市场执业。资格互认，表明只符合市场准入的资格标准，在国内进入市场，还有注册（其中，获得互认资格的外国建筑师、工程师进行注册必须经政府部门批准后方能注册）、执业、开业等方面相关的法律、法规的规定，要按照有关办法、程序完成各项手续。

7.6 执业注册的环节与要求

注册公用设备工程师，是指取得《中华人民共和国注册公用设备工程师执业资格证书》和《中华人民共和国公用设备工程师执业资格注册证书》，从事暖通空调、给水排水、动力等专业工程设计以及相关业务活动的专业技术人员。对于从事暖通空调、给水排水、动力专业的技术人员来讲，可以根据自身的条件申请参加基础考试，基础考试合格并按规定完成职业实践年限者，方能报名参加专业考试，通过专业考试后，可以申请注册公用设备工程师。

7.6.1 执业注册的基本条件

考试由基础考试和专业考试组成。基础考试分 2 个半天进行，各为 4 小时；专业考试分专业知识和专业案例两部分内容，每部分内容均分 2 个半天进行，每个半天均为 3 小时。凡是中华人民共和国公民，遵守国家法律法规，恪守职业道德，具备相应专业教育和职业实践条件者，并具备以下条件之一者，可申请参加基础考试：

（一）取得本专业（指公用设备专业工程中的暖通空调、动力、给水排水专业）或相近专业大学本科及以上学历或学位。

（二）取得本专业或相近专业大学专科学历，累计从事公用设备专业工程设计工作满 1 年。

（三）取得其他工科专业大学本科及以上学历或学位，累计从事公用设备专业工程设计工作满 1 年。

基础考试合格，并具备以下条件之一者，可申请参加专业考试：

（一）取得本专业博士学位后，累计从事公用设备专业工程设计工作满 2 年；或取得相近专业博士学位后，累计从事公用设备专业工程设计工作满 3 年。

（二）取得本专业硕士学位后，累计从事公用设备专业工程设计工作满 3 年；或取得相近专业硕士学位后，累计从事公用设备专业工程设计工作满 4 年。

（三）取得含本专业在内的双学士学位或本专业研究生班毕业后，累计从事公用设备专业工程设计工作满 4 年；或取得相近专业双学士学位或研究生班毕业后，累计从事公用设备专业工程设计工作满 5 年。

（四）取得通过本专业教育评估的大学本科学历或学位后，累计从事公用设备专业工程设计工作满 4 年；或取得未通过本专业教育评估的大学本科学历或学位后，累计从事公用设备专业工程设计工作满 5 年；或取得相近专业大学本科学历或学位后，累计从事公用设备专业工程设计工作满 6 年。

（五）取得本专业大学专科学历后，累计从事公用设备专业工程设计工作满 6 年；或取得相近专业大学专科学历后，累计从事公用设备专业工程设计工作满 7 年。

（六）取得其他工科专业大学本科及以上学历或学位后，累计从事公用设备专业工程设计工作满 8 年。

符合下列条件之一者，可免基础考试，只需参加专业考试：

（一）取得本专业博士学位后，累计从事公用设备专业工程设计工作满 5 年；或取得相近专业博士学位后，累计从事公用设备专业工程设计工作满 6 年。

（二）取得本专业硕士学位后，累计从事公用设备专业工程设计工作满 6 年；或取得相近专业硕士学位后，累计从事公用设备专业工程设计工作满 7 年。

（三）取得含本专业在内的双学士学位或本专业研究生班毕业后，累计从事公用设备专业工程设计工作满 7 年；或取得相近专业双学士学位或研究生班毕业后，累计从事公用设备专业工程设计工作满 8 年。

（四）取得本专业大学本科学历或学位后，累计从事公用设备专业工程设计工作满 8

年；或取得相近专业大学本科学历或学位后，累计从事公用设备专业工程设计工作满9年。

（五）取得本专业大学专科学历后，累计从事公用设备专业工程设计工作满9年；或取得相近专业大学专科学历后，累计从事公用设备专业工程设计工作满10年。

（六）取得其他工科专业大学本科及以上学历或学位后，累计从事公用设备专业工程设计工作满12年。

（七）取得其他工科专业大学专科学历后，累计从事公用设备专业工程设计工作满15年。

（八）取得本专业中专学历后，累计从事公用设备专业工程设计工作满25年；或取得相近专业中专学历后，累计从事公用设备专业工程设计工作满30年。

根据《关于同意香港、澳门居民参加内地统一组织的专业技术人员资格考试有关问题的通知》（国人部发［2005］9号），凡符合注册公用设备工程师执业资格考试相应规定的香港、澳门居民均可按照文件规定的程序和要求报名参加考试。

执业注册的考核（考试）环节。报名参加考试者，由本人提出申请，经所在单位审核同意，携带有关证明材料到当地考试管理机构办理报名手续。经考试管理机构审查合格后，发给准考证，应考人员凭准考证在指定的时间、地点参加考试。国务院各部门所属单位和中央管理的企业的专业技术人员按属地原则报名参加考试。

7.6.2　基础考试

全国勘察设计注册公用设备工程师（暖通空调）执业资格基础考试的考试间为一天，分上午段和下午段进行，其中，上午段的考试科目为高等数学、普通物理、普通化学、理论力学、材料力学、流体力学、计算机应用基础、电工电子技术、工程经济，合计120道题，每题1分，考试时间为4小时；下午段的考试科目为热工学（工程热力学、传热学）、工程流体力学及泵与风机、自动控制、热工测试技术、机械基础、职业法规，合计60道题，每题2分，考试时间为4小时。基础考试合格标准为132分。

7.6.3　专业考试

全国勘察设计注册公用设备工程师（暖通空调）执业资格考试专业考试分两天完成，第一天为专业知识考试，第二天为专业案例考试，考试时间每天上、下午各3小时。第一天为专业知识概念性考题，上、下午各70道题，其中单选题40道题，每题分值为1分，多选题30道题，每题分值为2分，试卷满分200分。第二天为案例分析题，上、下午各25题，每题分值为2分，试卷满分为100分。第一天专业知识的合格标准为120分，第二天专业案例的合格标准为60分，两天的成绩都合格者通过专业考试。考试科目是采暖（含小区供热设备与热网）、通风、空气调节、制冷技术（含冷库制冷系统）、空气洁净技术、民用建筑房屋卫生设备。

考题由概念题、综合概念题、简单计算题、连锁计算题及案例分析题组成，连锁题中各小题的计算结果一般不株连。

7.6.4 考试辅导教材

1. 基础考试辅导教材

对于全国勘察设计注册公用设备工程师（暖通空调）执业资格基础考试，主要的辅导材料是住房和城乡建设部执业资格注册中心组织编写了《全国勘察设计注册工程师公共基础考试用书》，本套丛书共 4 册，分别为：《数理化基础》、《力学基础》、《电气与信息技术基础》和《工程经济与法律法规》。

第 1 册："数理化基础"：本册构成本丛书工程科学基础的前 3 章，即数学基础、物理基础和化学基础，是工程科学基础要求的核心部分，包含描述物质结构和运动规律的基本理论和基本方法的提要和必要的讲解。对于学历基础厚实的读者，只要浏览本册，了解具体要求即可；对于基础欠缺的读者则需要认真补充并深入理解有关的基础概念、理论和方法。

第 2 册："力学基础"：本册构成本丛书工程科学基础的后 3 章，即第 4、5、6 章。它根据勘察设计注册工程师对工程力学基础的特殊要求编写，包含理论力学、材料力学和流体力学三个学科的基本理论、方法和应用的提要与讲解。建议所有读者都应精读本册并认真准备，借应考之机全面充实自身的力学知识，提高力学修养，加强运用力学知识分析工程问题的能力。

第 3 册："电气与信息技术基础"：现代工程技术基础包括诸多方面，但作为勘察设计行业各个专业共同的基础，则非电气与信息技术莫属。电气与信息包括电工技术、电子技术和计算机技术三个领域，它们的核心任务都是处理信息，所以本丛书以信息为主线，将它们作为一个整体集中于一册中加以说明。本册共分三章编写，即丛书的第 7、8、9 章，分别阐述对电工电子、信号与信息，以及计算机三个方面的知识性要求，其中信号与信息是信息处理的核心概念，电工电子是信息处理的核心技术，而计算机则是信息处理的主要工具。读者对本册的内容会感到似曾相识却又相距甚远，觉得自己的知识不甚完整、概念不甚明晰。所以，尽管本册的内容是知识性的，还是应当予以足够重视，通过必要的学习建立现代信息技术更清晰的概念，获取现代信息技术更全面的知识，增强自己运用信息技术的能力。

第 4 册："工程经济与法律法规"：本册构成丛书的最后两章，即第 10、11 章。工程经济和法律法规是工程设计的社会要素，它和前面那些科学与技术要素具有同等的重要性，所以，新大纲强化了这方面知识的考核要求也就不言而喻了。尽管在我国的高等工程教育中设立了经济与法规的相关课程，但在学生的学习进程中却往往得不到足够的重视，所以，读者要特别关注本册的内容，通过强化学习来增强自身的社会意识，做一个基础知识全面、综合素质优秀的合格的设计工程师。

从工程师公共基础知识检验的角度，该丛书中力图体现新考试大纲的基本精神是：对理论性问题，重基本概念；对方法性问题，重要领；对技术性问题，重要点；对知识性问题，重知识面。而且该书使考生准确地理解新考试大纲的基本精神，可以指导考生全面系统的复习备考。

2. 专业考试辅导教材

对于全国勘察设计注册公用设备工程师（暖通空调）执业资格专业考试，主要的辅导材料是全国勘察设计注册工程师公用设备专业管理委员会秘书处编写的《全国勘察设计注册公用设备工程师暖通空调专业考试复习教材》，该教材以《全国勘察设计注册公用设备工程师暖通空调考试大纲》为依据，以注册工程师应掌握的专业基本知识为重点，紧密联系工程实践，运用设计规范、标准；融理论性、技术性、实用性为一体，力求准确体现考试大纲中“了解、熟悉、掌握”三个不同层次的要求，不仅使参加执业资格考试人员复习后能系统掌握专业知识和正确运用设计规范、标准处理工程实际问题的综合分析、应用能力有所助益，而且可以成为本专业技术人员从事工程咨询设计、工程建设项目管理、专业技术管理的辅导读本和高等学校师生教学、学习参考用书。

思　考　题

1. 了解了本专业的注册工程师考试制度，对自己未来的学习有什么想法？

2. 我国的公用设备工程师执业资格注册证书，包括了从事暖通空调、给水排水、动力等专业。这三个专业有什么共同点？

3. 你是否注意了我国上一个年度本专业注册工程师的考试？是否知道考试的时间、地点和考试的内容及相关的辅导书籍？

第8章　建筑环境与能源应用工程专业的发展趋势

建筑环境与能源应用工程专业与社会经济建设紧密相关。从本书前文的介绍中可以看出，这个专业与下述行业有很密切的关系：

房屋建筑业（包括房地产业）；

能源服务业；

设备制造业；

高技术产业（包括电子信息、生物制药、航空航天、核能等行业）。

这些产业都是今后国家发展的重点，是我国经济的支柱产业。而且，这些产业的发展是离不开建筑环境与能源应用工程专业的。因此，建筑环境与能源应用工程专业成为了一个朝阳专业。

而近年来的一些突发性公共事件，比如某些传染性疾病的暴发、全国范围的电力能源紧缺，以及各国对生化恐怖袭击的防范，更凸显了建筑环境与能源应用工程专业的重要地位。这个专业的发展与社会安全、资源节约以及人民健康是息息相关的。

8.1　我国房屋建筑的发展趋势

从20世纪80年代以来，中国的城乡房屋建筑可以用“雨后春笋”来形容。截至2011年底，全国城乡房屋建筑总面积近520亿 m^2，其中城镇住宅建筑面积约220亿 m^2。全国城镇人均住宅建筑面积32.7m^2。

我国城市化率每年增加一点几个百分点，见图8-1，这就意味着，每年有一千多万农村人口转入城镇。为如此庞大的人口提供基础设施、住房、工作用房和教育、保健、休闲用房，我国房屋建筑将以极高的速度发展。

我国正处于快速城市化发展阶段时期，到2012年末，大陆城镇人口比重达到了52.6%。预计2030年全国城市化率将达到65%，在此期间城市人口将增加3.2亿，相当于整个美国的人口，其中有2.3亿人口从农村移居城市。2030年，中国的城市人口有望达到10亿。中国将出现15个平均人口2500万的超大城市，或11个总人口在6000万以上的城市群。这在世界城市化进程中都是史无前例的。

根据我国小康社会的居住标准推算，2030年我国城镇人均住宅建筑面积将达到37m^2左右。城镇的10亿人口需要的住宅建筑总面积估计将达到370亿 m^2。相应的公共建筑总面积，估计将在100亿～130亿 m^2。再加上工业建筑，预计会在全国现有房屋建筑面积基础上翻一番。

因此，从现在开始的一段时期内，我国还将进行大规模的城市建设。

随着人民生活水平的提高，对建筑室内环境尤其是热舒适环境的需求也会提高。我国气候特点决定了室内热环境调控的多样性。1月份，我国东北地区平均气温比同纬度发达

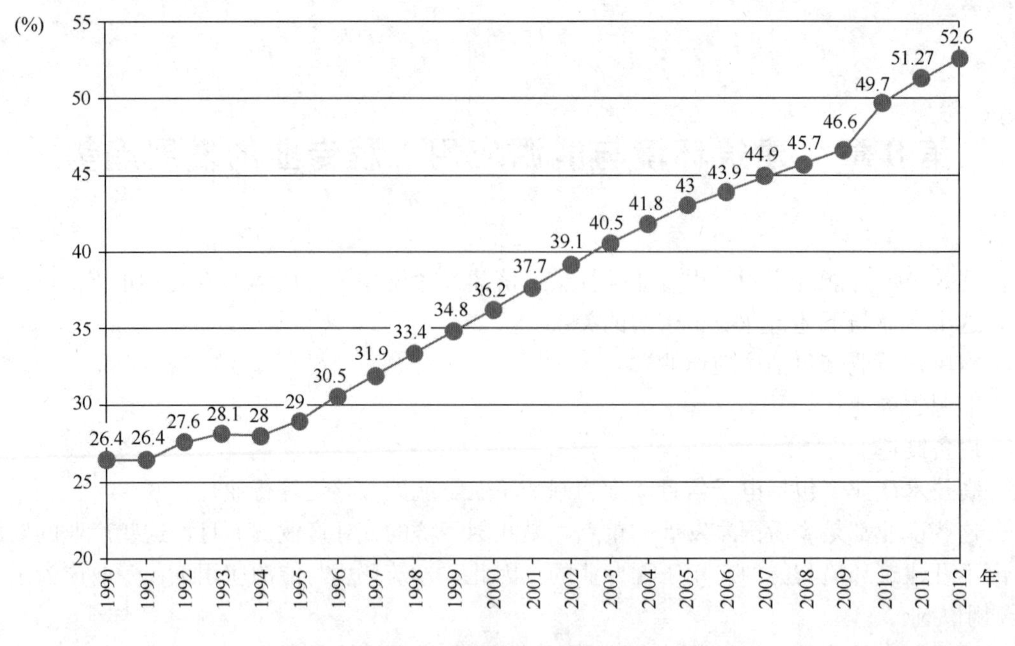

图 8-1　我国城市化率的增长

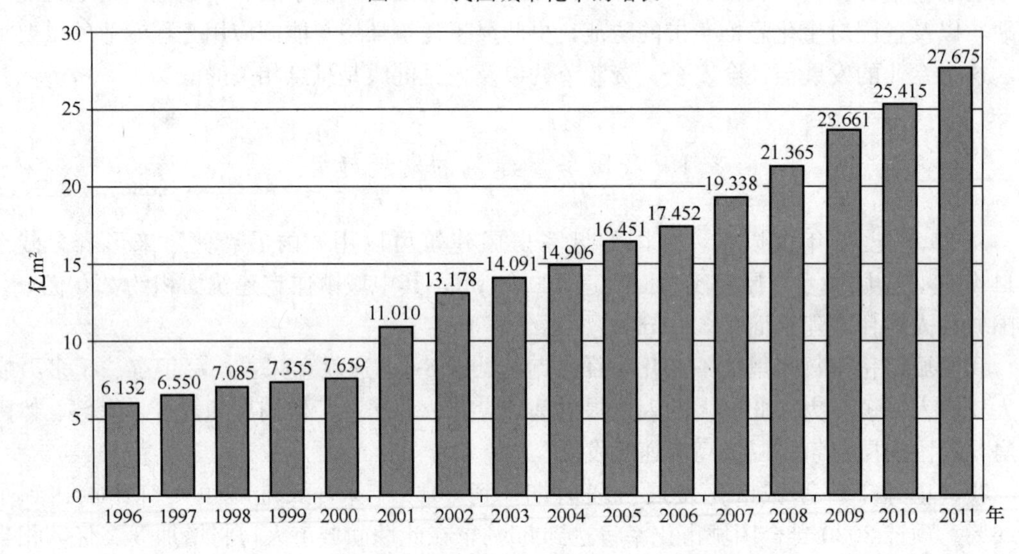

图 8-2　我国新建城镇房屋建筑总面积

国家偏低 14～18℃；黄河中下游偏低 10～14℃；长江南岸偏低 8～10℃；东南沿海偏低 5℃。

7 月份，我国气温普遍比同纬度国家偏高 1.3～2.5℃；我国东南沿海夏季相对湿度比欧洲高，空调不仅要降温，更需要除湿。在我国北方严寒和寒冷地区的城市里，建筑供暖是作为一种城市基础设施在建筑规划中予以考虑。今后，在我国长江流域和南方的夏热冬冷地区和夏热冬暖地区也会把建筑供暖列入基础设施。而在全国绝大部分地区，不分南北方，都有夏季供冷的需求，今后也会在建筑规划阶段加以统筹。全球变暖的趋势导致全球气候变化，局部地区变冷、多数地区夏季更加炎热。这不仅加重了建筑能源供应的负担，也给建筑环境与能源应用工程专业提出了挑战。如何消耗较少的能源，为使用者提供更加舒适健康的室内环境，是摆在我们面前的“永恒”的课题。

根据住房和城乡建设部的规划，我国将大规模开展绿色建筑和绿色生态城区的建设，对北方采暖地区既有居住建筑开展供热计量和节能改造，对夏热冬冷和夏热冬暖地区既有居住建筑和公共建筑开展节能改造；并结合农村危房改造实施农村节能示范住宅建设。这些都成为建筑环境与能源应用工程专业的重要任务。

8.2 建筑环境能源管理

建筑能源管理是适应建筑节能的需要而出现的一个新兴行业。它贯穿于建筑的全过程，并有着不同的职业形态和服务对象，对从业者的技术要求也有所不同。

8.2.1 建筑前期管理

1. 城区能源规划

城区能源规划（Community Energy Planning）有别于城市能源规划（Urban Energy Planning）。后者着重于对一个城市的一次能源和电力供应。一个城市是否要设自有发电厂？设几个？如何选址？而如果这个城市是非资源型城市，即自己没有能源矿藏资源，则城市能源规划很大程度上将考虑能源物流，即煤、油、气、电通过什么方式输送到城市？又用什么方式配送到用户？城市能源规划在本质上是供应侧规划。而城区能源规划则重点研究城市中一个有一定规模（建筑面积在数十万平方米）的区域中的建筑群供冷、供暖、供热水和供电（热电联产），即能源的需求侧规划。有时，城区能源规划还要统筹考虑城区内的产业能耗和交通能耗。

首先，城区能源规划要设定城区能源利用的目标。节能率、碳减排率、可再生能源利用率、各类建筑单位面积的能耗强度等都应该有明确的目标。接着，要正确估算城区内各建筑的冷热需求（称为冷热负荷）及使用的时间分布。在估算时要充分考虑采用何种节能措施可以降低负荷，即把节能作为一种替代资源，或煤、油、气、电之外的第五大能源。然后，要确定城区供能方式，是区域集中式的、分布式的、分散式的，还是综合的；是用电、用气，还是综合利用电、气和可再生能源；以及如何合理利用土壤、地表水和空气等作为供冷时释热的“热汇”和供暖时取热的“热源”；如果选用了热电联产系统，还要确定最恰当的产热和发电的比例。再有，是选择恰当的设备，对能源的输送系统（管网）进行优化，尽量减少输送过程中的能量损失。最后，要对系统方案做详尽的经济分析和环境评价。

区域能源规划的基本原则是经济性和提高能源利用效率。因此，建筑环境与能源应用工程专业的学生还需要充实自己城市规划、建筑学、技术经济学、工程热物理等方面的专业知识和数学规划、最优化方法等专业基础知识。

2. 绿色建筑的策划和咨询

包括我国在内，世界上很多国家都建立了绿色建筑的评价体系。这些评价标准基本都采用评分方法，即针对建筑物的规划选址、水资源利用、合理使用能源、材料有效利用、室内空气品质，以及废弃物处理等方面的若干技术措施进行评分，得到一定分值的便可以获得“绿色建筑”的称号。

很显然，除非有很大的投资，否则是不可能面面俱到，拿到所有分数的。在建设之初，要根据业主的经济实力和当地条件，对项目做一个综合分析，确定在哪些技术措施上拿分。

一般业主很难具备专业的能力对自己的项目进行前期策划并制订方案。因此，近年来出现了一些专业化的咨询公司，专门为客户进行绿色建筑的策划和方案论证。这些公司中的骨干技术人员多是来自建筑环境与能源应用工程专业。

这些专业人员除具备建筑环境与能源应用工程专业全部专业知识外，还应了解以下的专业：建筑学；城市规划；园林景观；环境工程；建筑材料；建筑经济学。

从事绿色建筑策划和咨询的专业人员，其知识面覆盖了几乎全部建筑类专业。除了专业知识外，还应该具备对能耗分析和环境评价作数值模拟的能力，能熟练应用该领域的商业化软件。

8.2.2　建设期间管理

1. 系统调适

我国第一艘航母辽宁号在改造完工近一年后方才交付使用。这一年中要对航母这一复杂系统工程进行试运行、调试和验收，这一过程称为“调适”（Commissioning）。随着建筑设备系统的技术日趋先进、各种高新技术在建筑中的应用日趋广泛，以及楼宇自控系统的日趋普及，使得建筑调适过程从设计阶段开始延伸到建筑使用之后的全过程。

建筑调适是一个技术含量很高的管理过程。能从事复杂系统和跨系统、跨品牌调适的技术人才十分缺乏。目前，我国几乎所有建筑工程项目都没有做过很好的调适。

建筑投入使用后调适的主要任务是：

1）系统在带负荷条件下连续运转，检验系统在各个季节以及全年的性能，特别是控制功能和能源效率。

2）在质保期结束前检查设备性能以及暖通空调系统与自控系统的联动性能。

3）发现系统的节能潜力。

4）通过用户调查了解用户对室内环境质量及设备系统运行状态的满意度。

5）在调适过程中记录关键的参数，所完成的调适报告作为建筑的重要档案。

暖通空调系统是直接为建筑使用者的健康和舒适服务的，“建筑”的空调实质上是“人”的空调，因此必须将系统运行的参数调节到满足使用者的需求。暖通空调（HVAC）系统是建筑中最复杂的系统之一。它是一个机电建一体化的系统，由不同品牌的制冷机、水泵、换热器、风机盘管等设备组成，其相互间的匹配和协调就需要通过系统调适来实现。这些单体设备可能都是节能产品，但组合到一起，若不调适，将不能获得预期的节能效果。现在一般的大型公共建筑都号称“智能建筑”，即安装了建筑自动化（BA）系统。BA系统的主要功能就是用来控制和调节建筑设备（尤其是暖通空调）系统的运行的。建筑自动化系统与建筑设备系统之间的互联和互动，必须通过调适来解决。

在设计阶段，调适工程师要了解功能需求、系统配置，以及控制软件，向设计师提出从运行管理角度出发的系统优化需求；在系统安装过程中，调适工程师要协调各系统的联动，保证系统满足设计目标；而在建筑开始使用之后，调适工程师要调整系统设置，保证系统运行满足用户的需求。在调适过程中特别要强调文件化，为建筑建立“健康档案”。

因此，建筑调适是建筑管理的一个重要内容。

一名优秀的系统调适工程师就像一位钢琴调音师，整个演出的质量系于一身。而目前国内优秀的系统调适工程师也像钢琴调音师一样，十分难觅。他需要具备跨学科的专业知识，即暖通空调和自动控制（机电）两方面的知识，既要懂得设备又要熟悉系统；他需要具备对不同品牌产品的理解和掌握，以及丰富的现场发现问题和解决问题的能力。

国外已经有专业的调适公司和具备注册资格的专业调适工程师（称为“Commissioning Authority”），成为一种新的职业。

2. 建筑自动化系统集成

信息和通信技术（ICT）的发展，极大地改变了人类生活方式。ICT 技术渗透到城市生活的各个领域，当然也融入建筑之中。世界各国都在积极发展“智慧城市（Smart City）”和“智能建筑（Intelligent Building）”。ICT 技术地融入，可以提高工作效率、降低能源资源消耗、减少温室气体排放。比如，通过 ICT 技术可以实现远程教育，即使身处山乡，也能享受到世界名校的开放式教育。通过网络购物、网上就医、视频会议，可以大大减少居民的交通出行，从而降低交通能耗。通过网络和 3D 打印技术，甚至可以实现远程制造。

世界自然基金会（WWF）对 ICT 技术的减排潜力，分高、中、低三种情景做了预测分析（见表 8-1），智能建筑在其中扮演了十分重要的角色。

世界自然基金会（WWF）预测 2030 年 ICT 减排潜力 **表 8-1**

内　容	预测到 2030 年 ICT 技术的减排潜力（$MtCO_2$）		
	低	中	高
智能建筑：既有建筑	121	545	969
智能建筑：新建建筑的设计和运行	46	439	832
智能城市规划：交通模式的转变	68	159	404
智能车辆和智能交通基础设施	581	1486	2646
电子商务和去物质化	198	927	1822
ICT 用于工业节能	100	815	1530
ICT 用于能源供应系统	17	59	128
总减排量	1168	4620	8711

所谓智能建筑，是给有着“重厚长大”的骨骼和肌肉的传统建筑加上“聪明”的头脑和“灵敏”的神经系统。它的“智能”体现在：1）建筑物能“知道”建筑内外所发生的一切；2）建筑物能“确定”最有效的方式，为用户提供方便、舒适和富有创造力的环境；3）建筑物能迅速地“响应”用户的各种要求。

智能建筑是具有“三 A”功能的建筑，即办公自动化（OA，Office Automation）系统、建筑自动化（BA，Building Automation）系统、先进的通信系统（Advanced Telecommunication）。BA 系统一般包括环境能源管理系统（空调系统、供暖系统、照明系统、给水排水系统、制冷机房、锅炉房、变配电等）、交通管理系统（停车库、人行扶梯和升降机）、设施管理系统（能源计量、设备维护、故障诊断）和消防安保系统。

BA 系统采用集散式的计算机控制系统（Central Distributed Control System），系统一般分为三个层次：最下层是现场控制机。现场控制机监控一台或数台设备，对设备或对象参数实行自动检测、自动保护、自动故障报警和自动调节控制。它通过传感器检测得到的信号，进行直接数字控制（DDC）。中间层为系统监控器。它负责BA中某一子系统（例如空调系统）的监控，管理这一子系统内的所有现场控制机。它接受系统内各现场控制机传送的信息，按照事先设定的程序或管理人员的指令实现对各设备的控制管理，并将子系统的信息上传到中央管理级计算机。最上层为中央管理系统（MIS），是整个BA系统的核心，对整个BA系统实施组织、协调、监督、管理和控制的任务。

BA控制对象中的环境系统和能源系统以及消防系统中的排烟系统都属于建筑环境与能源应用工程专业的业务范围，其控制要求、控制模型和控制策略由本专业提出。

BA系统监控的能源环境子系统繁多，包括暖通系统、给水排水系统、变配电系统、照明系统、电梯系统等，BA系统集成工程师需要对被控设备的原理、控制流程和自动控制理论具有较深的理解，编制出合适的符合要求的控制程序。在大型公共建筑中由于BA系统集成度提高，BA系统需要通过通信网关采集第三方系统的数据，BA系统集成工程师还需要熟悉各种软/硬件接口和网络系统的相关知识。

通过BA系统，把各个单一运行的设备整合成为一个有机的系统，是一件极富挑战性的工作，需要复合型的人才，也需要实践经验的积累。

8.2.3　建成后的使用管理

1. 设施管理

人们对建筑建成后的使用管理的概念可能主要来自住宅小区的物业管理，似乎除了保洁、保安之外，没有什么技术含量。其实这是一种误解。物业管理（Property Management），顾名思义，就是对建成的房产进行日常管理和一般维护，即物业管理的服务对象是资产，强调一个“管”字，有点像“管家”，我国的物业管理是从计划经济时代的房管所演变而来。而所谓“设施管理”（Facility Management），按照国际上一些权威组织的定义，是“以保持业务空间高品质的生活和提高投资效益为目的，以最新的技术对人类有效的生活环境进行规划、整备和维护管理的工作”。它“将物质的工作场所与人和机构的工作任务结合起来。它综合了工商管理、建筑、行为科学和工程技术的基本原理”。设施管理的服务对象是人，一切以人为本。它的主要工作内容是对建筑物的空间、环境、能源、设备进行管理，确保服务对象功能的充分发挥和使用效率的提高。

在国外，设施管理经理的社会地位很高。在一些跨国公司里，设施管理经理是核心管理层成员。因为，通过对企业建筑和设施的节能管理，降低企业的运营成本，可以使企业的固定资产增值；通过对大楼的室内环境管理，改善室内环境品质，能够提高企业员工的知识生产效率，从而提高企业主营业务的经济效益。

物业设施除了可以自行管理之外，还可以请一些专业化的设施管理公司管理，这些公司大体上可以分为三种类型：第一类公司的业务覆盖设施管理的各个环节。如物业的策划和租售代理、楼宇的运行管理（包括客户的室内装修及工艺流程布置的规划设计和施工、设施系统的运行维护管理、安保和清洁服务、修缮和改造）、业主或客户需要的其他服务（例如餐饮供应、健身和娱乐服务、会议服务，甚至托儿服务等）。这类公司规模较大，主要为大型物业（例如国际空港、运动中心、高星级酒店等）服务。第二类公司只承担设施管理的某一个环节，例如建筑设备、能源中心的运行管理。第三类是专业化的公司。例如空调系统的运行和维修公司、保安公司、清扫公司、电梯维修公司等。这类公司一般都要面向多个业主，以求得规模效益。这类公司中又可分为以提供劳务和技术为主的劳务型公司和以提供技术和咨询为主的知识型公司。

无论哪一类公司，由于实现了专业化，技术含量大大提升。即便是保洁工作，也有许多学问在内。一个先进的设施管理公司，掌握网络技术、模拟技术、检测技术、知识工程、人类工效学等现代技术，使其管理更科学、更具人性化。

2. 室内环境检测、诊断和评估

建筑的室内环境是影响使用者和居住者工作效率、生活质量、舒适性乃至健康的直接因素。这些因素包括室内环境的物理因素和化学因素，如照明、色彩、温湿度、室内空气流速（微风速）、室内空气品质、噪声、电磁辐射及空间布局等。这些因素中，尤以室内热环境和室内空气品质对人的影响最大。

按照人们的一贯认识，现代化建筑必然是一个个全封闭的、完全靠空调和人工照明来维持室内环境而与自然界隔绝的人造生物圈。其实恰恰是这种人工环境，由于在许多方面违背了人的生物节律和自然规律，会使长期置身其中的使用者产生不舒适感、厌恶感和心理反感，甚至会影响到人的健康，引起各种“现代病”，如病态建筑综合征（SBS，Sick Building Syndrome），大楼并发症（Building Related Illness）和多种化学物过敏症的出现。美国每年由SBS引起的误工、医疗、保险甚至诉讼所造成的经济损失高达140亿美元。世界银行的一份研究报告表明，我国目前每年由于室内空气污染造成的损失，如果按支付意愿价值估计，约为106亿美元。花费巨额投资、消耗大量能源，却换回更大的经济损失，真有点“花钱找病”的意味。

造成室内热环境和室内空气品质劣化的原因很多，但最主要的是空调系统设计和运行管理失当，以及各种建筑材料释放的低浓度污染气体。在既有建筑中，遭用户抱怨和投诉最多的是室内空气品质问题。用户的抱怨往往是生理和心理感觉，如“气闷”、“有异味”等等。要确诊原因，判断其源头在哪里，有什么解决方案，这就需要专业人士，使用专门的仪器进行检测。这和医生看病是完全一样的。更重要的是，要根据用户的具体情况，提出经济合理、切实可行的改善空气品质方案，绝不是一味地增加设备。改善室内空气品质的最根本的办法是清除污染源，其次才是对原有空调系统做改进和改造，而且必须是在不过多增加能耗的前提下。

从事室内环境检测、诊断和评估的专业人员应该对各种污染物的释放机理有比较清楚的了解，同时掌握各种物理和化学的清除污染物的方法，具备一定的化学分析、微生物检测等方面的能力。

8.3 能源服务

20世纪70年代以来，一种基于市场的、全新的节能新机制——“合同能源管理”（Contracting Energy Management）在市场经济国家中逐步发展起来，形成了基于这种节能新机制运作的专业化的“节能服务公司”（ESCO，Energy Service Company)”，并且已经发展成为一种新兴的节能产业。

ESCO公司是一种基于“合同能源管理”机制运作的、以赢利为直接目的的专业化公司。ESCO与愿意进行节能改造的客户签订节能效益合同（ESPC，Energy Savings Performance Contracts），对客户提供节能服务，并保证在一定的期限内达成某一个数量的节能金额。客户以减少的能源费用来支付节能项目全部成本，用未来的节能收益为建筑和设备升级，降低目前的运行成本。ESCO通过与客户分享项目实施后产生的节能效益来赢利和滚动发展。

图8-3表明，在执行节能效益合同、进行节能改造之前，建筑业主支付的能源费用开支很高（图中深色部分）。由ESCO公司到银行贷款、对建筑物进行节能改造。业主在节能改造上不用花一分钱，只需按改造前的水平继续支付100%的能源费。图中的例子，ESCO公司通过节能改造，使能源费和运行维护费显著下降。节约下来的费用，按合同规定的比例，一部分返还业主，一部分由ESCO公司用来偿还节能改造的贷款和作为ESCO公司的收益。也就是说，从改造后的第一年开始，业主已经省下一部分能源费了。在合同期内，节能改造的设备或系统由ESCO公司负责运行维护。到合同期满，ESCO公司将改造所增添的设备产权交还业主，并结束该项目。这时，节约下来的能源费用全部归业主，同时还增添了固定资产，而ESCO公司也赚得了它应得的利益。

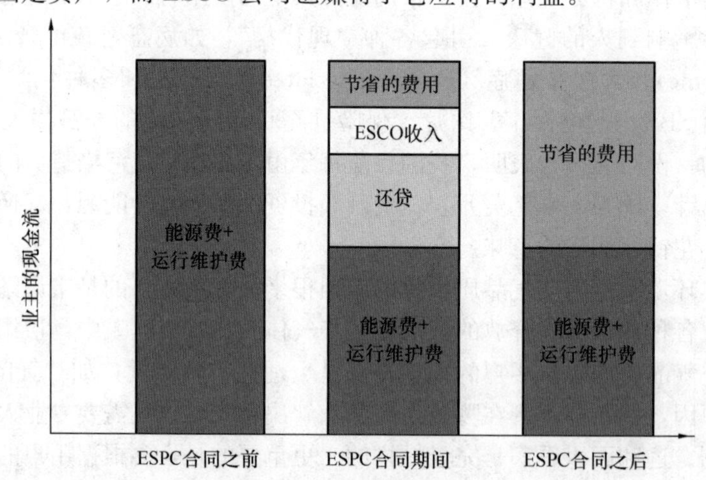

图8-3 合同能源管理的运作模式

由于建筑业主无需投资便可以降低成本、改善设施，ESCO公司能通过提供服务赚取应有利润，从而使节能项目对建筑业主和对ESCO公司都有经济上的吸引力。这种双赢的机制形成了业主和ESCO双方合作实施节能项目的内在动力。

由于ESCO在项目实施中，承担了大部分财务风险，因此它必然要十分谨慎和仔细地选择项目，投入到技术和财务都可行的节能项目之中，从而保证了设备采购和项目完成的质量。就政府而言，这是协助政府推动节能事业的一种助力；就银行而言，合同能源管理的贷款风险较小，ESCO替银行开拓了一种新型金融产品。因此，能源服务是一种建筑业主、ESCO公司、政府、银行和设备制造商多赢的节能方式。

ESCO是专业化的节能服务公司。由于它所提供的服务的多元化，因此公司里要汇集多专业的技术、管理和财务等多方面的专家。ESCO公司具备智力密集型和资本密集型企业的特征，在我国有极好的发展前景。

建筑环境与能源应用工程专业人才无疑是ESCO公司中的骨干。ESCO的运作方式不仅要求从业人员能全面掌握本专业的知识和技能，还需要具备设备、自控、财务、管理和金融方面的知识，因而对建筑环境与能源应用工程专业提出了很高的要求。

8.4 设备制造厂商的延伸服务

中国是世界制造业大国之一，也是最大的暖通空调市场。由于中国土地辽阔，跨越多个气候区（规范中就划分了七个气候区），因此对暖通空调产品的需求是多样化的。又由于区域经济发展水平和生活水平的差异，对暖通空调产品的需求又是多层次的，从高端到低端的产品都会有买主。

回顾制造业的发展，是一种螺旋式上升的过程。比如服装，古代都是单件一针一线手工缝制的。唐诗有云："慈母手中线，游子身上衣。临行密密缝，意恐迟迟归。谁言寸草心，报得三春晖"。工业革命之后，有了缝纫机械，一种式样的服装可以大批量规模化生产。服装成了超市商品，千人一面。为了追求时尚和个性化，有经济能力的人又会青睐单件订制的时装。衣服穿在模特身上为什么会那么顺眼、那么好看？正因为它们是量体裁衣做出来的。近年来国内外都在探讨的"第三次工业革命"，正在使传统制造业向个性化、分散化、信息化生产方向转型。

暖通空调设备也是这样。在20世纪50～60年代，空调设备都是用不同的组件"攒"起来的，空调设备的箱体甚至是用砖砌的。到了80年代以后，由于有了数控、液压等先进加工设备，空调设备实现了批量化大规模生产，其规格是按照一定的模数分布的。工厂提供产品样本，设计人员根据自己设计的建筑物的需要，在样本中选取规格最接近的产品。为了保险起见，选取的产品提供的供暖空调能力往往比实际需要大很多。造成能源的浪费，也会造成室内环境的过冷或过热。

今后，一些对室内环境要求较高的建筑，以及一些有特殊工艺要求的工业建筑，必然会要求制造厂提供"量体裁衣"式的设备，并且成为体现制造企业技术实力的重要标志。还可能有一些工程项目，要求制造厂商提供整个系统的解决方案，并完成技术和经济的可行性分析。在既有建筑需要设备更新和节能改造时，也可能要求设备制造厂商提供合同能源管理服务。设备制造厂商把建立ESCO公司作为拓展业务、延伸服务的重要措施。

这就要求制造厂商不仅具备设备制造方面的能力，还要有系统集成的能力。制造厂商要配备建筑环境与能源应用工程专业的技术人员，用技术去开拓市场。这方面的人才还很缺乏。目前有些制造厂商完成的方案，技术含量很低。

正因为需要"量体裁衣"、需要"个性化"，因此，在完成方案时不应该"复制"，更不能"克隆"。这就要求建筑环境与能源应用工程专业人员具备一定的研究能力和创新意识。建筑环境与能源应用工程专业在设备制造企业里也是大有作为的。

思 考 题

1. 按照你的观点，你认为本专业将在哪些领域得到进一步的发展？

2. 与过去相比，本专业的工作从建筑的设计、施工逐渐延伸到建筑物的运行管理，你认为这样的观点对吗？为什么？

3. 从未来从业的角度，你更喜欢在本专业的哪些方面开展工作？

附录1　制冷、空调大事记

1748 年 G. Richmann 在圣彼得堡科学学会上发表了制冷方面的实验研究。

1803 年马里兰的 homas Moore 获得在美国的制冷专利。这是美国第一个关于制冷方面的专利。

1805 年 Oliver Evans 在蒸气工程手册中提出了闭式蒸气压缩式制冷系统。

1834 年从橡胶蒸馏得到的二乙醚被 John Hague 作为制冷剂应用于第一个蒸气压缩式制冷机器中。

1844 年 John Gorrie 教授提出利用循环式制冷机器来制冰。

1854 年 John Harrison 在澳大利亚的维多利亚市实验研究蒸气压缩式制冰。

1855 年在俄亥俄州克利夫兰第一个商业冰制造工厂建成，该厂是利用蒸气压缩制冰，是由 Alexander Twining 完成的。

1860 年 Ferdiand Carre 发明了氨吸收式制冷。

1868 年 Peter Van Weyde 发明了带有调节温度装置的可控制冷系统。

1870 年 Carl Linde 利用严格的热平衡来实现制冷，通过机械方法热量在低温处散失。

1875 年澳大利亚的 Thomas Mort 提出利用机械制冷来实现冷藏。

1879 年 Chartes Tellier 通过对船舱采用了冷冻技术，从而把肉类从法国运到南美。

1891 年商业杂志《冰和制冷》开始发行。

1892 年第一个有类似空调技术应用的房间在美国旧金山的 MDillenberg 完成。

1893 年美国制冷工程学会在会议中定义了制冷标准。

1894 年法国的 Marcel Audiffren 发明了封闭式制冷系统。

1901 年纽约交易所安装了 300 吨的热电联产舒适性空气热工处理系统。

1902 年堪萨斯州的 Armour 建筑安装了双风管空气热工处理系统，每个房间可以实现单独控制。

1904 年美国制冷工程学会成立。

1906 年 Stuart Cramer 提出“空调”（Air Congdition）一词。

1906 年第一家医院采用空调，是波士顿的 Floating 医院。

1906 年 Wills Carrier 发明了露点控制系统，以便对房间的湿度实现准确控制。

1908 年在巴黎举行第一次国际制冷会议。

1911 年在一个多样蒸发制冷系统中综合利用了稳态过热（调节温度装置）膨胀，该专利属于 Albert Marehall。

1913 年第一个国际冰箱博览会在芝加哥举行。

1913 年 M T Zarotschenzelf 开始研究快速冷冻。

1914 年 Fred Wolfjr 销售了空气冷却式家用冰箱，该冰箱是用电来运行的。

1916 年 Clarence Birdseys 开始研究急速冷冻。

1925年瑞典的AB Elektroulux销售了可燃气体吸收式家庭制冷剂。

1925年E. Vernon Hill出版了第一本空调商业杂志Aerologist。

1926年Thomas Carpenter发明了毛细管空调技术。

1928年通用汽车研究中心的Thomas Midgley、Albert Henne和Robert Mcnary为Frigidaire合成了含氯氟烃制冷剂。

1930年AZ在图森安装了热泵空调。

1931年Frigidaire销售冷一热全年运行的家用空调。

1932年切萨皮克&俄亥俄州铁路公司开始运营第一辆采用了空调的通宵火车，该火车是在纽约和华盛顿间往返。

1936年空调技术在美国高速民用航空飞机上得到应用，飞机的航速达到每分钟为3英里。

1936年Albert是含氯氟烃制冷剂的发明人之一，后又发现了R134a。1980年R134a成为非挥发性比较好的替代制冷剂。

1938年Philco-York销售窗式空调器。

1939年空调系统在帕卡德超市成功使用一年。

1939年凝固式盘尼西林（青霉素）在英国进行实验研究，工业生产是在1943年。其生产过程采用了净化空调。

1940年Servel和Carrier研究制作了以溴化锂和水为吸收剂的吸收式制冷机器。在1945年制作了第一台大型吸收式制冷机器。

1942年R. SGaugler发明了热管（美国专利发布于1944年）。

1944年空气循环式制冷机应用于飞机上（美国洛克希德马丁公司）。

1950年开始大力发展热泵商业，1954年热泵制造量为2000台，1963年为76000台，1976年为300000台。

1958年12月，ASRE和ASHAE并入美国采暖、制冷和空调社会工程学会(ASHRAE)。

1966年第一所采用了空调的学校建成（纽约）。

1958～1972年R22成为空调和热泵单元的标准制冷剂。

1972年航空航天研究公司和ASHRAE强强联合，成为国际空调、采暖和制冷展览会的推广人。

1975年ASHRAE标准指出新建建筑的保温要求，对美国建筑标准产生重大影响。

1975年航空航天研究公司第一次提出衡量单一设备的特征参数——能源效率EER。

1986年空调在著名的美国发明家会议上被列为不朽发明之一。

1993～1994年汽车空调采用制冷剂R134a。

1999年美国第一个大型以空调历史为主题的展览“保持舒适　美国空调”在位于华盛顿的国家剧院进行。

附录 2　专业技术基础及专业技术核心知识单元

专业技术基础核心知识单元的知识点

知识单元	知 识 点
热力学基本概念	热力系统，热力系统的划分；平衡状态，准平衡过程和可逆过程；工质的热力状态及其基本状态参数，功量与热量，热力循环及经济性评价指标
气体的热力性质	理想气体与实际气体，理想气体状态方程；理想气体比热容，比热容与温度的关系；混合气体的性质，道尔顿分压定律和分体积定律，混合气体成分表示方法及换算，混合气体气体常数、比热容、热力学能、焓和熵
热力学第一定律	热力学能和总能，系统与外界传递的能量；闭口系统能量方程，开口系统能量方程，开口系统稳态稳流能量方程，稳态稳流能量方程的应用
理想气体的热力过程及气体压缩	分析热力过程的目的及一般方法；绝热过程，多变过程的综合分析，压气机的理论压缩轴功，活塞式压气机的余隙影响，多级压缩及中间冷却
热力学第二定律	热力学第二定律的实质及表达；卡诺循环与卡诺定理；状态参数熵及熵方程，孤立系统熵增原理与作功能力损失
水蒸气	水的相变及相图，水蒸气的定压发生过程，水蒸气表与焓-熵图，水蒸气的基本热力过程及其分析和计算
湿空气	湿空气性质，干球温度、露点温度、绝热饱和温度和湿球温度；湿空气的焓-湿图，湿空气的基本热力过程
气体和蒸汽的流动	绝热流动的基本方程，定熵流动的基本特征；喷管计算、背压变化对喷管内流动的影响；具有摩擦的绝热流动，绝热节流
动力循环	朗肯循环，回热循环与再热循环，热电循环
制冷循环	逆卡诺循环，空气压缩制冷循环，蒸气压缩制冷循环，蒸汽喷射制冷循环、热泵，制冷循环与制热循环的评价指标
溶液热力学基础	溶液的一般概念，二元溶液的温度-浓度图和焓-浓度图，相律
传热学的基本概念	热量传递的基本方式、传热过程
导热基本定律	导热理论基础（基本概念及傅里叶定律，导热系数，导热微分方程式）
稳态导热与非稳态导热	稳态导热；非稳态导热；导热数值解法基础
对流换热	对流换热分析（对流换热微分方程组，边界层换热微分方程组，边界层换热积分方程）；单相流体对流换热（自由运动，强制对流）
凝结与沸腾换热	凝结换热、沸腾换热、热管
辐射换热	热辐射的基本定律；辐射换热计算

续表

知识单元	知　识　点
换热器的传热原理	通过肋壁的传热、传热的增强和削弱、换热器的形式和基本构造、平均温度差、换热器计算、换热器性能评价
流体力学的基本概念	作用在流体上的力、流体的主要力学性质、力学模型
流体静力学	流体静压强及其特性、分布规律、压强基准与单位、液柱测压计； 作用于平面、曲面的液体压力
一元流动力学基础	欧拉法与拉格朗日法、恒定流与非恒定流、流线与迹线； 一元流动模型、连续性方程、恒定元流与总流能量方程、恒定流动量方程、总水头线和测压管水头线、总压线和全压线
流态与流动损失	层流与紊流、雷诺数、圆管中的层流、尼古拉兹试验、紊流运动特性和紊流阻力、沿程损失和局部损失
孔口管嘴流动与气体射流	孔口自由出流、孔口淹没出流、孔口汇流、管嘴出流、无限空间淹没紊流射流特征、圆断面射流、平面射流、温差或浓差射流、有限空间射流
不可压缩流体动力学基础	流体微团运动、有旋流动、连续性微分方程、黏性流体运动微分方程、应力和变形速度的关系、纳维-斯托克斯方程、理想流体运动微分方程、流体流动的初始条件和边界条件、紊流运动微分方程及封闭条件
流体绕流流动	无旋流体、平面无旋流动、势流叠加；绕流运动与附面层基本概念、附面层动量方程、曲面附面层的分离与卡门涡街、绕流阻力与升力
相似性原理与因次分析	力学相似性原理、相似准则、模型律、因次分析法
管路流动	简单管路、管路的串联与并联、有压管中的水击、工业管道紊流阻力系数、非圆管的沿程损失、管道流动的局部损失、减阻措施；气体液体多相流管流水力特征
建筑外环境	地球与太阳之间的关系，太阳辐射，室外气候（大气压力、空气温度和湿度、有效天空温度、地温、风），城市微气候（日照、热岛、风场等），我国气候分区
建筑热湿环境	太阳辐射对建筑物的热作用，非透明围护结构和透明围护结构的热、湿传递、室内的显热与潜热得热来源和描述方法，冷负荷与热负荷，典型负荷计算方法原理
人体对热湿环境的反应	人体对热湿环境反应的生理学和心理学基础，人体对稳态热环境的反应，人体对动态热环境的反应，不同类型热湿环境的评价指标，热环境与劳动效率
室内空气品质	室内空气品质的概念，问题产生的原因，影响室内空气品质的污染源与污染途径，室内空气品质对人体的影响，评价指标和评价标准，控制室内空气污染的基本方法
室内空气环境的理论基础	自然通风与机械通风，余压的概念，风压和热压及其作用，空气的稀释与置换，局部通风，室内空气环境的评价指标以及测量方法
建筑声环境	基本概念（声音的性质、特点和基本计量物理量），人体对声音环境的反应原理与噪声评价，声音传播与衰减的原理，材料与结构的声学性能，噪声控制与治理的基本方法
建筑光环境	光的性质与度量，视觉与光环境，天然采光，人工照明，光环境控制技术
传质的理论基础	传质的基本概念，扩散传质、对流传质的过程及分析，相际间的热质传递模型

续表

知识单元	知　识　点
传热传质的分析和计算	动量、热量和质量的传递类比，对流传质的准则关联式，热量和质量同时进行时的热质传递
空气热质处理方法	空气处理的各种途径，空气与水/固体表面之间的热质交换过程及主要影响因素
吸附和吸收处理空气的原理与方法	用吸收剂处理空气和用吸附材料处理空气的原理与方法
间壁式热质交换设备的热工计算	间壁式热质交换设备的基本性能参数及其影响因素，间壁式热质交换设备的热工计算方法
混合式热质交换设备的热工计算	混合式设备发生热质交换的特点，影响混合式设备热质交换效果的主要因素，混合式热质交换设备的热工计算方法
复合式热质交换设备的热工计算	影响复合式设备热质交换效果的主要因素，蒸发冷却式空调系统的热工计算方法，温湿度独立处理设备及其应用
管网功能与水力计算	流体输配管网的基本功能、基本组成与基本类型；流体输配管网水力计算的基本原理和方法；枝状管网水力共性与水力计算的方法
泵与风机的理论基础	离心式泵与风机的基本结构；离心式泵与风机的工作原理及性能参数；离心式泵与风机的基本方法-欧拉方程；泵与风机的损失与效率；性能曲线及叶型对性能的影响；相似律与比转数
泵、风机与管网系统的匹配	泵、风机在管网系统中的工作状态点；泵、风机的工况调节；泵、风机的安装位置；泵、风机的选用
枝状管网水力工况分析与调节	管网系统压力分布；调节阀的节流原理与流量特性、调节阀的选择；管网系统水力工况分析；管网系统水力平衡调节
环状管网水力计算与水力工况分析	管网图及其矩阵表示；恒定流管网特性方程组及其求解方法；环状管网的水力计算；环状管网的水力工况分析与调节；角联管网的流动稳定性及其判别式；动力分布式管网的水力工况分析与调节

专业技术核心知识单元的知识点

知识单元	知　识　点
室外、室内设计参数与冷热负荷	设计参数确定的原则、方法、现行标准； 负荷的组成部分与确定方法、不同类型建筑负荷的特征、根据负荷的变化特性对建筑进行分区
室内环境控制系统的类型	各种室内温湿度、空气品质控制系统（如空调、供暖、通风系统）的类型、特点、组成，应用条件（负荷分区特征匹配，新风利用的便利性等）与应用案例分析
主要空气处理设备	原理与基本构成，包括热湿处理设备（含热回收设备），空气净化设备； 单个热湿设备空气处理过程的焓湿图分析，多重热湿设备组合应用的空气处理过程的焓湿图分析； 单个空气净化设备与多重组合应用的性能特点
主要末端形式	送风末端、对流末端、辐射末端：类型、构成，气流分布，热湿交换性能，形成的室内热环境与声环境特点，适用条件

续表

知识单元	知　识　点
各种环境控制系统的性能特征	集中式、半集中式、分散式环境控制系统的室内环境调节性能与能耗特点；全年运行调节方法； 火灾排烟系统的构成、特点与运行方式，与常规环境控制系统的关联与区别
水与冷热媒输配系统	包括水与冷热媒输配系统的冷热量输配能力、运行调节方法、水压图分析与能耗特点； 热水与冷水输配系统的共性与个性特点；蒸汽输配系统的性能特点；冷却水系统的构成与性能特点
环境控制系统的噪声与振动控制	消声量的确定方法，各种消声器的类型、特点与用法，各类隔振的技术措施
制冷与热泵的热力学原理	蒸气压缩式制冷和热泵循环原理、理想制冷循环、理论制冷循环与实际制冷循环，在压焓图上的表示、循环的热力计算，制冷循环性能的改善，制冷循环与热泵循环的关系
制冷工质	制冷剂、润滑油、载冷剂；ODP 与 GWP；制冷剂的热力学特性和物理化学特性；冷冻油对制冷系统的影响；载冷剂的种类与选用方法
制冷与热泵系统的主要设备	压缩机、冷凝器、蒸发器、节流装置等
压缩式制冷/热泵机组	各种制冷机组、热泵机组的类型、组成、工作特性、容量调节性能
吸收式冷热水机组	吸收式制冷机的基本原理及其热力系数的基本概念、二元溶液的基本性质、单效与双效吸收式制冷系统的基本原理与机组结构、吸收式热泵的基本原理及其应用场合
锅炉设备原理与系统	锅炉的基本构造、工作原理、基本特性，锅炉房设备的组成，供热与生活热水锅炉的类型
燃料与燃烧	燃料的化学成分、燃料的燃烧、烟气分析、锅炉的热平衡与热效率、不完全燃烧热损失、排烟热损失、热负荷变动时的热效率、燃烧器
冷热源机房及辅机	锅炉水循环及汽水分离、烟风系统
冷热源系统方案与能耗分析	制冷和热泵机组类型与调节特性，各种冷热源系统组合方案的全年能耗分析与运行策略
燃气负荷	燃气各类用户用气定额、用气量；城市燃气需用量、燃气需用工况；燃气管道小时计算流量、燃气供需平衡及理论储气量
燃气储存	压缩天然气储存及工艺流程；液化天然气储存及工艺流程；地下储气库类型、调峰特点；管道储气原理及计算；常规储气罐类型、构造及附件
燃气长距离输送系统	长距离输气系统的构成；输气干线起点站的任务及工艺流程；输气干线设施要求；燃气分配站的任务及工艺流程；输气干线及线路选择
城镇燃气输配系统	城市燃气管道的分类；城市燃气管网系统的构成与选择；城市燃气管道的布线原则；各种管材的特点及施工方法；钢制燃气管道腐蚀分类及防腐方法
建筑燃气系统	建筑燃气供气系统的构成、布线原则；高层建筑供应技术特点；工业燃气供应系统
燃气输配主要设备	燃气管道附属设备及结构（阀门、补偿器、排水器及闸井）；调压器工作原理及调压器分类、调压器的调节性能曲线、流通能力计算；压缩机分类、结构及工作原理、压缩机特点及变工况调节

续表

知识单元	知　识　点
燃气输配主要场站	各种储配站/气化站/混气站的选址、功能及布置（低压储配站、高压储配站、压缩天然气储配站、液化天然气气化站、液化石油气储配站、气化站和混气站、压缩天然气母站、汽车加气站）；压缩机站的工艺流程及布置；调压站分类、特点及选址
燃气管网系统的运行调节	燃气分配管道连接方式、计算流量的确定；燃气管网的水力计算及用户处压力波动范围；低压、高中压管网计算压力降的确定；低压管网起点压力为定值时水力工况；低压管网起点压力按月调节时水力工况
燃气管网技术经济及可靠性	燃气输配方案技术经济比较方法；调压站最佳作用半径技术经济分析；燃气管道的技术经济计算；低压管网的可靠性；高中压管网的可靠性；提高输配管网水力可靠性途径
燃气安全	燃气安全基本理论；燃气输配系统的安全运行；超高层建筑燃气供应的安全措施；液化天然气储罐的安全运行
燃气特性及气质	燃气分类；各种燃气的热力特性、物化参数计算；城市燃气质量要求；燃气加臭
燃气净化	燃气净化理论基础；燃气冷凝、燃气脱硫、燃气脱水方法及设备；天然气开采基本过程、井场流程和集输流程；天然气净化；生物制气及净化
燃烧基础理论	热值、燃烧需要空气量、燃烧产物计算；CO 与过剩空气系数；燃烧温度与温焓图；化学反应速度、链反应、燃气的着火与点火；自由射流、相交射流、旋转射流、平行射流
燃气燃烧的火焰传播	火焰传播的理论基础；法向火焰传播速度的测定；影响火焰传播速度的因素；混合气体火焰传播速度的计算；紊流火焰传播；火焰传播浓度极限
燃气燃烧方法	扩散式燃烧；部分预混式燃烧；完全预混式燃烧；燃烧过程的强化与完善
燃气燃烧器与燃烧器设计	燃烧器的分类与技术要求；扩散式燃烧器与设计、计算；部分预混式燃烧器与设计、计算；完全预混式燃烧器与设计、计算；特种燃烧器
民用燃气具	各种商业、民用燃气具；民用燃具的工艺设计与检测；民用燃具的通风排烟；燃气空调技术：燃气直燃吸收式制冷；燃气热泵
工业燃烧器与炉窑	燃气工业炉窑的结构与热工制度；余热回收技术；CCHP 原理与基本构成，包括原动机、余热回收设备；设计流程
燃气互换性	燃气互换性与灶具适应性；华白数；火焰特性对燃气互换性的影响；燃气互换性的判定
燃气燃烧的自动与安全控制	自动点火方式；自动控制；安全控制；爆炸的预防
测试技术的基本知识	测量与测量仪表的基本概念，主要包括测量的概念、测量方法分类、测量仪表的功能、测量仪表性能指标以及计算的基本概念等
温度湿度的测定	温标的基本知识，膨胀式温度计、热电偶、热电阻的工作原理和使用方法，温度测量的误差分析，温度变送和自动测量方法； 各种不同类型湿度计的工作原理和使用方法，湿度测量的误差分析，湿度变送和自动测量方法
压力的测定	液柱式压力计、弹性式压力计、电气式压力计的工作原理和使用方法，压力测量的误差分析，压力参数的变送
流速流量的测定	毕托管、热线风速仪、热球风速仪的测量原理和使用方法，流速测量的误差分析，流速参数的变送； 各种流量计的工作原理和使用方法，流量测量的误差分析，流量参数的变送

续表

知识单元	知　识　点
热流量的测定	阻式热流计的工作原理和使用方法，测量误差分析和参数变送
声、光环境的测定	环境噪声、照度的测量，声级计、照度计的工作原理和使用方法，测量误差分析和参数变送
空气品质的测定	气体成分的测量、VOC、颗粒含量的测量
液位的测定	浮力式液位计，差压式液位计，电接触式液位计的测量原理和使用方法，测量误差分析，液位参数变送
误差与数据处理	直接测量值和间接测量值的误差分析，测量结果的不确定度计算
智能仪表与分布式自动测量	智能仪表和自动测量系统，测量系统设计的基本原则，方法
自动控制系统的基本概念和术语	自动控制系统的组成、基本术语、控制理论的基本知识、基本原理、拉氏变换分析方法等
不同调节方法的特点	通断控制、比例调节、积分调节、微分调节与PID调节的特点，PID调节的实现和实际中的问题、其他的单回路闭环控制调节方法（模糊控制、神经元方法、控制论方法等）
传感器	常用传感器的性能特点与选用、温湿度等物理参数的准确测量、开关型输出的传感器
执行器与控制器	常用执行器的性能特点、执行器的选择及其接口电路、基于计算机的控制器、控制器外电路、控制，保护和调节逻辑、控制调节过程
暖通空调系统控制	单房间和多房间全空气系统的温湿度控制、空气处理过程控制、变风量系统控制、半集中空调系统控制、供暖系统控制等
冷热源及水系统控制	冷热源设备的基本启停操作与保护、制冷机组控制调节、小型热源控制调节、冷冻水系统控制、冷却水系统与冷却塔控制、循环水系统优化控制、蓄冷系统优化控制
其他建筑设备系统控制	照明系统、输配电系统、电梯扶梯、给水排水系统、通风排风系统等
通信网络技术	被控设备的网络连接、数据的传输、网络设备的协调、建筑自动化系统中的数据特点、OSI通信参考模型、常见的通信网络技术等
建筑自动化系统	建筑物的信息系统（弱电系统）、建筑设备系统的监测控制、建筑自动化系统的实现方法（功能分析与设计、信息点的确定与信息流的设计、硬件平台、手动/自动转换模式、中央控制管理功能、系统安全性等）
常用材料、管道及配件	常用的管材、阀门、紧固件，钢制管道、铜制管道、塑料、复合材料管道加工与连接的基本知识
建筑环境与能源设备系统安装	暖通空调系统、冷热源系统、燃气输配与应用设备系统、城市热力系统施工安装的基本知识
施工组织	施工组织设计；施工成本与进度控制；施工质量与安全控制
建筑工程的项目管理	工程项目管理组织；项目计划管理的内容及编制程序；项目控制及协调
招投标与合同管理	安装工程招标投标程序；招标投标的有关法律规定；合同的订立、履行；合同的变更、解除及合同争议的解决；建设工程合同的内容及相关法律法规
工程建设费用与工程预算	投资估算；设计概算；施工图预算；施工预算；工程结算和竣工结算；竣工决算；设计概算、施工图预算和竣工决算的关系
施工组织与验收工程规范与标准	标准规范的主要内容；规范与标准的一般规定；规范与标准的主控项目；规范与标准的一般项目

教育部高等学校建筑环境与能源应用工程专业教学指导分委员会规划推荐教材

征订号	书　　名	作　者	定价(元)	备　　注
23163	高等学校建筑环境与能源应用工程本科指导性专业规范（2013年版）	本专业指导委员会	10.00	2013年3月出版
25633	建筑环境与能源应用工程专业概论	本专业指导委员会	20.00	
34437	工程热力学（第六版）	谭羽非 等	43.00	国家级“十二五”规划教材（可免费索取电子素材）
25400	传热学（第六版）	章熙民 等	42.00	国家级“十二五”规划教材（可免费索取电子素材）
32933	流体力学（第三版）	龙天渝 等	42.00	国家级“十二五”规划教材（附网络下载）
34436	建筑环境学（第四版）	朱颖心 等	49.00	国家级“十二五”规划教材（可免费索取电子素材）
31599	流体输配管网（第四版）	付祥钊 等	46.00	国家级“十二五”规划教材（可免费索取电子素材）
32005	热质交换原理与设备（第四版）	连之伟 等	39.00	国家级“十二五”规划教材（可免费索取电子素材）
28802	建筑环境测试技术（第三版）	方修睦 等	48.00	国家级“十二五”规划教材（可免费索取电子素材）
21927	自动控制原理	任庆昌 等	32.00	土建学科“十一五”规划教材（可免费索取电子素材）
29972	建筑设备自动化（第二版）	江　亿 等	29.00	国家级“十二五”规划教材（附网络下载）
34439	暖通空调系统自动化	安大伟 等	43.00	国家级“十二五”规划教材（可免费索取电子素材）
27729	暖通空调（第三版）	陆亚俊 等	49.00	国家级“十二五”规划教材（可免费索取电子素材）
27815	建筑冷热源（第二版）	陆亚俊 等	47.00	国家级“十二五”规划教材（可免费索取电子素材）
27640	燃气输配（第五版）	段常贵 等	38.00	国家级“十二五”规划教材（可免费索取电子素材）
34438	空气调节用制冷技术（第五版）	石文星 等	40.00	国家级“十二五”规划教材（可免费索取电子素材）
31637	供热工程（第二版）	李德英 等	46.00	国家级“十二五”规划教材（可免费索取电子素材）
29954	人工环境学（第二版）	李先庭 等	39.00	国家级“十二五”规划教材（可免费索取电子素材）
21022	暖通空调工程设计方法与系统分析	杨昌智 等	18.00	国家级“十二五”规划教材
21245	燃气供应（第二版）	詹淑慧 等	36.00	国家级“十二五”规划教材
34898	建筑设备安装工程经济与管理（第三版）	王智伟 等	49.00	国家级“十二五”规划教材
24287	建筑设备工程施工技术与管理（第二版）	丁云飞 等	48.00	国家级“十二五”规划教材（可免费索取电子素材）
20660	燃气燃烧与应用（第四版）	同济大学 等	49.00	土建学科“十一五”规划教材（可免费索取电子素材）
20678	锅炉与锅炉房工艺	同济大学 等	46.00	土建学科“十一五”规划教材

欲了解更多信息，请登录中国建筑工业出版社网站：www.cabp.com.cn 查询。在使用本套教材的过程中，若有何意见或建议以及免费索取备注中提到的电子素材，可发 Email 至：jiangongshe@163.com。